· 陕西省教育科学“十三五”规划课题《高校产品设计专业MES模块化课程教学构建及评价考核研究》（课题编号：SGH18H343）
· 由咸阳师范学院“青年骨干教师”培养计划资助（编号：XSYGG201809）

高 晋 著

多元文化语境下产品设计的创意表达

北京工业大学出版社

图书在版编目（CIP）数据

多元文化语境下产品设计的创意表达 / 高晋著. —
北京：北京工业大学出版社，2018.12（2021.5 重印）
ISBN 978-7-5639-6491-8

Ⅰ. ①多… Ⅱ. ①高… Ⅲ. ①产品设计—创意 Ⅳ.
① TB472

中国版本图书馆 CIP 数据核字（2019）第 019531 号

多元文化语境下产品设计的创意表达

著　　者：高　晋
责任编辑：郭佩佩
封面设计：优盛文化
出版发行：北京工业大学出版社
（北京市朝阳区平乐园 100 号　邮编：100124）
010-67391722（传真）　bgdcbs@sina.com
经销单位：全国各地新华书店
承印单位：三河市明华印务有限公司
开　　本：710 毫米 ×1000 毫米　1/16
印　　张：13
字　　数：247 千字
版　　次：2018 年 12 月第 1 版
印　　次：2021 年 5 月第 2 次印刷
标准书号：ISBN 978-7-5639-6491-8
定　　价：59.80 元

前言
PREFACE

经济与文化的融合已经形成了全球发展态势，在这种大背景之下，将产品设计融入多元文化元素已经势在必行。全球经济一体化不仅会对国家的文化发展带来巨大的冲击，还会使人们的价值观发生变化。因此，在当前的发展洪波中顺应时代潮流，在产品中融入文化元素已经关系到民族的发展。只有在信息化时代中继承和发扬本民族的优良文化，将本民族风土人情融入设计中，才能满足人们日益增长的文化需求和消费需求。

世界是复杂多变的，因此，产品设计也要紧跟时代的步伐，对新产品不断进行改革和完善，实现相对的统一。文化元素扩展了创意产品的发展空间，增添了产品的文化底蕴，延长了产品的价值意义，是设计中不可或缺的。站在民族发展的角度来讲，只有合理运用本民族的文化元素，实现文化元素的形式性融入、符号化融入、意蕴化融入和多元化融入，才能真正实现产品的创意性发展，实现当前的消费和时代发展的需求。

本书从理论出发，把研究的切入点放在多元文化下的视觉表现、形态设计语言、设计风格，注重设计语言的实践性运用。本书还讨论了产品设计的基本理论和方法，从多元化的角度研究了产品设计中的关键问题和核心内容。本书可供从事产品设计、开发、制造及管理的科技人员参考，也可作为高等院校相关专业师生和从事产品创新设计理论、方法和工具研究的科技工作者的参考书。

对本书中未标明出处的引用文献和论著，著者深表歉意，并同样表示感谢。

由于时间仓促，著者水平有限，书中难免存在不足之处，在本书出版之际，真诚希望读者对本书提出宝贵的意见和建议。

著者

2018年5月

目 录
CONTENTS

第一章　产品设计的基础

第一节　产品设计的内涵

一、产品设计的基本概念

在这里我们将“产品设计”定义为一种综合的信息整合过程，如图 1-1 所示。在这个概念中，有三个值得关注的关键词，分别为“综合”“信息”和“整合”。“综合”能够充分反映产品设计专业的交叉性和边缘性的特点。就产品设计概念的交叉性来说，最常见的争论起于“艺术”和“工程”，殊不知二者的良好结合才是专业的内在要求。当然，若说产品设计反映着一个时代的经济、技术和文化虽然有点大而空的意思，却恰恰说明了它的综合性的特点。“信息”是什么？可以将其理解为各种设计要素，包括线条、色彩、机构、材质、界面、符号语义、人的需求、文化特点等，这些信息都可以被称为设计对象。产品设计的目的就是有效组织这些信息，使他们以美好的形象展示出来，这个形象就是我们对所看到的产品的整体观感。注意是观感而非造型，造型只是产品的一个载体，而观感可能包括更多深层次的东西，比如交互方式，比如文化特质等。最后一个关键词“整合”代表的是设计的程序和方法。整合不是一个简单的动作，而是一种缜密的思维方式，是一个科学的过程。做设计犹如烹饪，要各个过程有条不紊，各种主材配料缺一不可，还要把握火候和时间，这不但要看设计师的个人素质，还要遵循一定的程序和方法，严谨求实，又要有个人魅力的发挥。这才是设计，而非艺术创作。

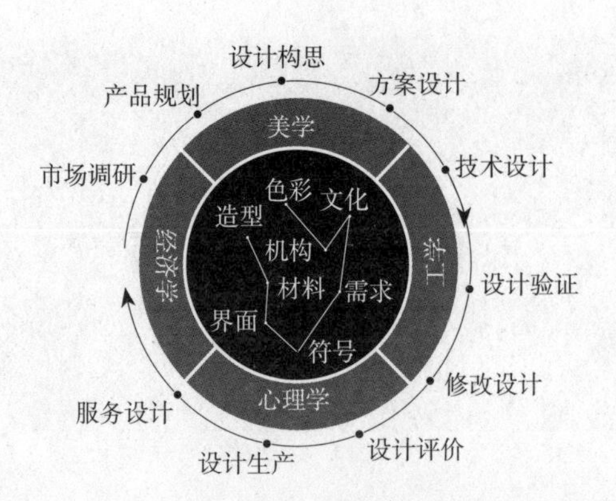

图 1–1　产品设计是一种综合的信息整合过程

最重要的一点，产品设计一定要有创新。创新是生命的原动力，是推动历史的助力器。没有创新，人们就不能看到那些琳琅满目的产品，就不能享受到那些新技术所带来的便利，而产品也就没有办法体现它的历史文化特性。当 20 世纪八十年代末那些移动电话的第一批拥趸拿着“大哥大”高谈阔论的时候，应该不会想到如今“果粉”们所推崇的苹果手机（iPhone）那令人陶醉的交互体验和简约时尚的外观（如图 1–2 所示）。而现今的我们在怡然自得地摇着手机搜索身边的微信好友的时候，是否能想到未来的科学技术会把我们的生活带往何方？所以说，这是一个开放的时代，产品设计是一个开放的专业，大家也要以一个开放的姿态来进行学习，才能够体会到这个过程所带来的乐趣。

图 1–2　“大哥大”与 iPhone 手机代表了通信电子产品发展的两个时代

二、产品设计的发展规律

古人说“以史为鉴，可以知兴替”，大致说的是学习历史对于我们的指导意义。产品设计的历史是每一个设计系学生的必修课，可以让我们了解设计的发展脉络并预知其发展趋势，其意义就在于此。但就像本书开篇时候所说的，学设计史，要发掘它所反映出来的设计规律和本质，而不是背诵那些代表作、代表人物和历史事件。

产品设计的发展主要受产业经济、科学技术、文化条件的制约，下面分别予以阐述。

①产业经济。经济基础决定上层建筑，经济是一个绕不开的话题。就以批量生产为特点的产品设计来说，其真正的萌芽状态是工业革命兴起后对设计的真诚呼唤。工业设计源于工业的发展和商业的兴起，是为经济发展服务而产生的。而且一开始并没有工业设计师这样一个合适的角色，他往往脱胎于其他行业，如建筑师、工艺美术师等。在我们所熟悉的包豪斯时期，那些带来一场场设计变革的大师们的真实身份往往是建筑设计师或平面设计师，产品设计师不过是他们的“业余角色”。总之，产业经济的发展使工业设计的出现具备了经济基础，工业批量化生产的需要使社会的分工越来越细，产品造型设计（工业设计一开始就是以单纯造型设计的身份出现的）得以成为社会分工的一个环节独立出来。而商品经济的繁荣和同类产品竞争的加剧，使工业设计越来越成为一种有效的竞争手段。在之后的时间里，工业设计的存在价值不断得到加强，并在不同的行业里继续分化并呈现出不同的表现形式。尔后职业设计师出现了，专业的设计事务所（设计公司）出现了，不同的国家和地区也依据自身情况纷纷制定了相关政策，工业设计的发展走向多元化。同时因为经济发展的不均衡，工业设计的发展也是不均衡的，世界上的设计中心几乎均处在经济发达地区，这也正印证了经济要素在设计发展中的决定性作用。由此我们或可期待，中国经济的飞速发展必然带动设计产业的快速跟进，这将会是一个令人振奋的愿景。

②科学技术。科学技术是第一生产力。历史的经验告诉我们，每一次的产业革命，必然是因为有更先进的科学技术的出现，它是推动社会经济发展的源动力。不仅如此，新科技的出现会带来生产工具的变革，新的机构、新的材料、新的技术手段都可以对设计产生影响。比如，机械工业的发展使产品的批量化生产成为可能，这直接促成了真正意义上的工业设计的出现；塑料的出现使产品造型方法发生了翻天覆地的变化，之前一切由于材料和加工手段的限制所设置的藩篱被打破。而塑料制品具有优良的着色能力，这使得产品的色彩设计被提升到了相当重要的地位；电子产品的出现更印证了技术在改变人类生活中的引领作用，一时间，电脑芯片被植入任何家电产品与消费电子产品中，使它们具备了超常的数据处理能力以及智能化的运行方式。但这还不够，“物联网”的出现志在把信息产业带入一个新的天地，成为继计算机、互联网之后的第三次发展浪潮。到那时，“物联

网”将被应用到我们日常生活中的方方面面，物品之间可以自由进行信息的“交流”，消费者在使用这些物品的时候将会获得更加充分和美妙的体验，如图 1-3 所示。

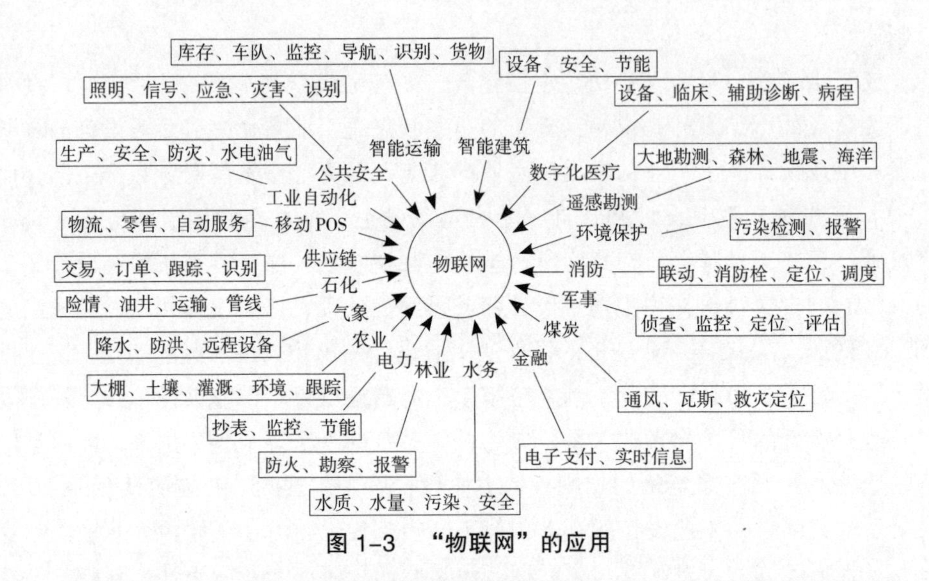

图 1-3　“物联网”的应用

科技的发展带给人类的并不全是福利，如果处理不好，负面影响也是巨大的，所以说科技发展是一把双刃剑。首当其冲的便是环境问题。这个问题由来已久，所以催生了绿色设计理论。绿色设计是一个大而化之的概念，存在于众多的学科领域，尤其在工业设计领域内，绿色设计是一个重大的课题。不过需要说明的是，绿色设计不是简单的“3R（减量化、再利用和再循环）”原则，而是一个系统设计。这个系统包括社会文化的诸多方面，是一个良性社会环境内在的诉求，而不是一些设计师应景和略带矫情的设计创作，也不是设计理论家们发乎笔端，无法实施的纸上谈兵。当然绿色设计的真正实现也有赖于新科技的出现。

③文化条件。其实从某种程度上来说，产品设计是一种文化现象。如果说经济发展是其存在的基础，科技进步是其发展的内驱力，那么文化条件则是其以面示人的气韵和形象。文化是有历史性和地域性的，这也就不难理解设计史为什么中会有那么多形形色色的产品设计风格。那些风格的形成固然有技术条件和生产条件的制约因素，但文化所施加的影响才是持续的和本质的。设计历史犹如河流，文化影响譬如河堤和水中砂石，河流沿堤而行，绕石而过，随势赋形，又不屈不挠，或改道，或漫堤，或摧枯拉朽、大浪淘沙，或锲而不舍、滴水穿石，文化影响和规范着设计，而设计也改变和颠覆文化。

同时要说明的是，文化是渗透到设计“皮肤肌理”中的，而不是徒有其表的装饰。设计师要研究一件设计作品所体现出来的文化要素，不能只看表面，而要如庖丁解牛一般，“依乎天理，批大郤，导大窾”，方能“手之所触，肩之所倚，足之所履，膝之所踦，砉然响然，奏刀騞然，莫不中音”，方能达到“道”的境界，而超越技法。所以，开发具有传统文化特色的产品设计，必须要了解传统文化的精髓所在，去了解那些文化现象的因果关系，而不是直接套用传统图案元素，做一些毫无意义的工作。如图 1–4 所示，这件“折扇时钟”的设计则不仅仅是套用了“折扇”的形式，而是将其形式、功能以及产品的内涵进行了融合。

图 1–4　“折扇时钟”的设计

三、产品设计的重要作用

如果把产品生产定义为一个“生态系统”的话，那么产品设计是其中至关重要的一环，缺少这一环节，整个系统就会面临崩溃。从这个意义上说，产品设计是一个连接节点，起到了一个纽带的作用，如图 1–5 所示。

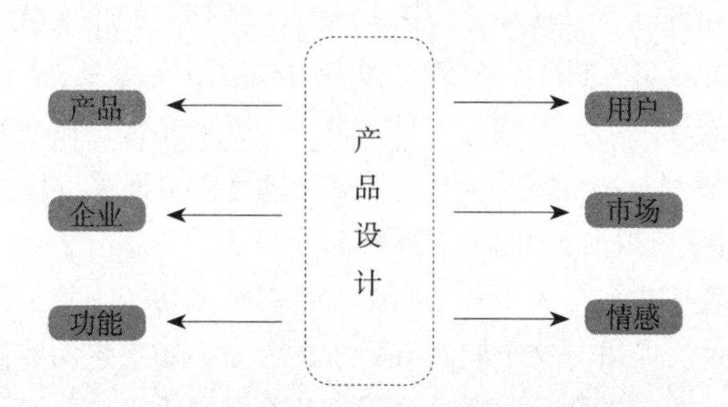

图 1–5　产品设计是产品“生态系统”中的连接纽带

①产品设计是产品与用户之间的连接。一件产品凭什么能够赢得用户的好感？一要能够准确抓住用户的需求点；二要把这个需求点进行精彩的阐述并表现到产品中；三要把这个需求点通过产品有效地传达给用户。这些都是产品设计所要完成的工作。所以，通过设计市场调查去定位用户的需求，通过设计程序与方法去翻译用户的需求，通过设计语义和交互设计去传达用户的需求，都是很重要的事情。

②产品设计是企业与市场之间的连接。这是前一个观点的延伸。一个企业有了好的产品设计，生产了好的产品，就能赢得好的市场，从而实现经济效益。这也是工业设计进入企业竞争策略的一个台阶，亦即产品生产中技术条件趋于同质化的境况下，企业若想取得竞争上的优势，将工业设计纳入企业核心竞争力是一个有价值的手段。然而，要想做一个好的产品设计并不是那么容易的事，企业中的产品设计开发不仅要符合企业的产品战略，还要从产品的功能、结构、外观等各方面进行综合布局，设计过程中还要考虑产品的制造成本、运输成本，又不能损失卓越的功能性和独特的美学价值。一个好的产品设计还应该是企业的流动广告牌，应该能够承载企业独有的文化内涵和形象气质，能够演绎出符合企业策略的产品基因并传承下去。

③产品设计是功能与情感之间的连接。产品设计早已走过单纯的功能至上的时代，现代产品设计的消费者们除了对产品功能上的诉求之外，情感诉求日益重要，尤其是在那些与人们的生活息息相关的产品上，如家电、消费电子、家居用品等。为什么要有情感诉求？一方面是人机间信息交流的需要；另一方面由于社会的发展与变迁，人们的生活状态发生了变化，就像互联网的崛起改变了人类聚居的群落形式和交流方式一样，信息化、智能化和带有人类感情色彩的温情产品逐渐受到人们的青睐。怎么实现产品的情感诉求？这并不是一个全新的课题，早在第二次世界大战中，那些研究武器的工程师们为了方便士兵在对坦克和飞机的操作中减少疲劳和进行有效战斗，力图从人—机—环境的角度解决问题，人机工程学悄然兴起。如今，人机工程学越来越多地被运用到民用工业中，形成了“以人为本”的重要设计思想。当然这还只是第一步，产品只是被动地为人们提供身体上和行为上的便利。20 世纪 80 年代，交互设计应运而生，旨在定义产品的行为方式并且规定传达这种行为的有效形式。简言之，产品有了更大的主动权去进行信息和行为的表达，它与使用者之间的关系更加密切了，甚至成为使用者生活中不可或缺的角色。如果对这个问题有疑虑，大家不妨想想那些机不离手，无论吃饭、走路、上厕所、坐公交，都忙得不可开交的“手机控”们，真的是单纯功能上的需要吗？答案必将是否定的。

四、产品设计创意表达在设计中的价值

（一）深化设计构思的重要途径

设计构思是产品设计过程中的前期阶段，也是设计师能否获得好的设计创意的关键阶段。在设计构思阶段，设计的创意和发展大致会经过以下过程。首先，设计师对所要设计的产品会产生一些想法，但这种最初的想法在头脑中仅仅是一种朦胧的概念，如果不把这种朦胧的概念转化为可视的具体形象，这些想法有可能会很快消失，也就谈不上对它进一步深化。因此，利用草图的方式，将这些想法快速地记录下来是实现产品形态设计的第一步。接下来，针对草图中所反映出的具体形态，设计师会在头脑中迅速做出判断，在这一草图的基础上产生新的设计想法或做出进一步修改的决定，由此形成从构想到设计草图、再从设计草图到构想的互动过程。

在最初的设计草图中，可能表达出的仅仅是设计师对设计的一些粗浅或不成熟的构想，但随着一张张草图的出现，设计师头脑中的一些零散想法就会被思维的链条串联起来，引发其对设计的各种各样的想法。随着这种互动关系的不断深入和发展，设计师的设计思路会逐步被打开，设计构思随之获得不断的深化。

设计思维的规律告诉我们，人们的思维极易受发生在周围和日常生活中一些事物的影响，因而早期所反映出的设计构思往往是粗浅的或与其他常见的有所雷同。因此，只有当构思达到一定深入的程度时，才能摆脱既有想法的束缚，找到较好的或具有创意的构想。在设计草图表达中，最初的图形可能是寥寥的几笔线条，但这并不会妨碍设计师思维的拓展。相反，随着图形与线条的增多，产品的形状会在纸面上逐步完整和清晰起来。有人把设计草图的发展过程比作人在登高楼一样，我们不可能一步就登到楼顶，必须一个台阶、一个台阶地往上走。设计草图也是如此，最初从简单的、常见的形态表达入手，一步步地通过对原先想法的不断否定和修正，从而使设计构思达到应有的深度。设计实践证明，许多优秀的设计方案都是通过设计师艰苦的设计构思过程，从数十张，甚至数百张设计草图中筛选出来的。从这点讲，设计并无捷径可走，要想获得好的设计方案，只能通过设计师大量的设计草图来实现。

或许有些人会认为，在计算机技术高度发达的今天，用电脑表现出的产品立体效果图要远比设计草图所表达出的产品形态更具真实性，电脑效果图完全可以替代手绘的设计草图和其他的快速表达方法。其实这一观念忽视了设计的基本特征：优秀的设计不在于它被画成什么样，而是它首先必须要有一个与众不同的创意，而好的创意只能是通过设计师艰苦的构思过程，在大量的构思草图后才有可

能得到。如果掌握了一定的设计创意快速表达技巧，数十个，甚至数百个设计方案就会像泉水般从设计师的手中流淌下来，而电脑是绝对不可能达到如此程度的。事实上，电脑是无法替代人的创意思维活动的。我们看到的一些电脑效果图，包括一些描绘得十分精细的产品效果图仅仅是一种对原有创意的再表现。所以，从设计的发展过程可以看出，设计草图的表达过程不仅是设计师获得产品创意的重要手段，也是设计师提高自身设计创造能力的重要途径。

我们可以看到，设计师为了寻找一个富有创意的方案，需要进行深入的构思，在这一过程中，伴随的必定是大量设计草图的出现。

（二）展示设计概念的有效形式

现代产品设计是一种由多种专家、设计师共同参与和合作的过程。设计师的设计方案、想法要获得其他人的认同或支持，就要将其设计理念、方案效果等清晰地传达给别人。因此，在设计过程中，设计交流是十分重要的。简捷、快速的产品形态表达是设计师在设计交流中最为常用的工具，它简单、快速、明了、直观，诚如美国 IDEO 设计公司总裁所说：“一张草图要远胜过一百句话。”这充分说明了设计草图在设计交流和传达中的价值与作用。

在产品设计过程中，设计草图除了作为设计师在设计构思阶段中寻觅设计方案、深化设计构思外，在展示和传达设计师的设计想法时有着不可替代的作用。作为设计师的设计基本语言，设计草图有着其独特的优越性，它几乎不受工具、时间、内容、场地等因素的限制。比如，利用设计草图与他人交流时，草图所表达的也可以是产品内部的结构，既可以是产品的整体形态，也可以是局部的细节。在设计构思的快速表达中更不需要复杂的工具和烦琐的作图程序，往往是一支笔、几张纸就能达到和别人交流的目的。总之，设计师一旦掌握了基本的产品设计快速表达技巧，就能在设计实践中得心应手、游刃有余。当今，在一些设计公司和组织内部，设计草图等快速表达形式仍是设计师在设计交流中最为常用和最具效率的工具。

设计草图可以充分自由地表达设计师的各种设计想法，设计草图不仅用来表达产品整体的外观形态，也可以表达产品内部的细部或结构。

对于一些与手操作非常紧密的产品，在设计的一开始就必须注意产品形态与手的关系。在设计构思阶段，设计师就可以充分利用草图表达简便、快捷的特点，将方案的各种可能性表达出来，使设计理念表达得更为清晰，设计过程变得更加有效。

第二节 产品设计的社会属性

在设计产品和设计活动现象中，处处体现了设计与民族风格、设计与社会公众心理、设计与社会发展水平等的相互联系和相互作用，因此设计具有社会属性，主要体现在以下几个方面。

一、思维创新与创意设计

思维指理性认识，即思想；或指理性认识的过程，即思考；也指人脑对客观事物间接的和概括的反映。与其近义的词有思考、思索、念头、想法等。

迄今国内对什么是创意，尚没有公认的或权威的定义，但从人们日常生活、学习、工作、娱乐中频繁使用“创意”的情况中，可以归纳出一些常用的替换词，如点子、想法、灵感、计谋、策略、主意、思路、革新、灵机一动、别出心裁等。

关于设计，其狭义上可以被认为是围绕某主题进行无严格约束的针对性元素、方法、手段等创新的综合思维活动。广义而言，设计是指为了达到或规划某种目的（目标），用明确的或不明确的手段（包括文字、图案、形象效果图、影视动画等）表现出来的单体或系列的解决方案。设计涉及极其广泛的学科交叉，与一般的文化现象不无关系。“设计”一词，非汉语古来有之。实际上我国自晋唐以来，一直就有“意匠”一词，而后又有“图案”等专用词语，它们都是与“设计”相当的古词语。不过今天来看，“意匠”和“图案”两词更近似于现代汉语的“手工艺”一词。

产品设计狭义上是指工业设计，是人类在与自然环境的对应关系中，为了使自身生存与生活得以维持与发展，以及今天所追求的人类与自然及社会生态平衡，而用所需的各种工具、产品等物质性装备进行的设计创造活动。一般而言，这些工具、产品都可作为人体功能（包括脑力和体力等）直接或间接的延伸或补充。

关于创新，简单来说，就是抛开旧的、创造新的，是首创前所未有的事物的思维活动或社会实践。

总而言之，设计的基础是思维活动，设计的过程是创意和认知过程，设计的生命是创新活动。

思维、创意、设计、创新虽然都与设计师个人的特点（学习、经历、实践、经验、天赋、努力、勤奋、聪慧、个性、业余爱好等）不无关系，然而，它们是人类改造自然、变革社会和自我修行的综合体系。

思维、创意、设计、创新之间相互联系，互为前提和结果，并且呈现各自不同的特征：思维可以是社会性的，更多的是纯个人的行为；创意是现代社会，特别是“知识产权”引领社会竞争、合作、发展等精神价值和物质价值取向的新的思维形式，带有明显的社会市场（功利）属性；设计则是探讨改造自然、人文社会和人类本身的可实施、可改良的途径方案，技术内涵是其关键特征；创新更是凝聚人类探索、聪慧、挑战、勇往直前的一切优秀品行，实现人类最美好境界的社会大合作实践活动。

二、风格特色与竞争设计

简单而言，特色是指对象所呈现的独有的视觉形象形态，及其所具有的特殊功能功用等。一个产品的设计特色，是指其设计方案显著区别于其他方案的特有（独特）形状、尺度、色彩、表面质地、材料复合以及新功能，也包括在市场上拥有“鹤立鸡群”的时尚特性。

风格的初始意思是指一个时代、一个民族、一个人或一种流派的文艺作品所表现的主要思想特点和艺术特点，近现代以来，在美学、文学、艺术、文艺评论等领域得到广泛使用。将“风格”引入产品设计领域，则指由个体设计人（自由职业者）、小型设计公司（设计事务所）、中型设计公司（100 人以上规格）以及大型企业集团设计部所设计的产品，表现或体现各自品牌特点的款式、形态以及功用。风格是市场认可设计者（公司、企业）的主要（传达）符号。南北朝著名文学理论家刘勰曾把风格分为“典雅、远奥、精约、显附、繁缛、壮丽、新奇、轻靡八类”，虽然是定性描述，但仍然值得产品设计师在方案的创意阶段中借鉴和参考。

竞争是市场经济的标志或符号，在“三公”（公开、公平、公正）原则上，规范有序的市场竞争将创造和实现优胜劣汰的环境，促使越来越多的优秀产品设计出现，促使越来越多的人性化产品诞生。竞争也使消费者可以购买到越来越多物优价宜的产品。市场竞争更是产品设计理论、方法、手段等在深度和广度上不断发展的实验或实践基础。

就产品设计的范畴而言，设计所涉及的基本理念、技能、方法、生产材料和工艺是设计专业学子以及设计专业人士必须掌握的基础。在产品创意设计的勾画、拟定、比较、寻求等过程中，特色始终是评价设计方案有没有新颖性的关键所在。这种对新颖性探索的工作包括对形状、尺寸、体量、色彩、表面质地、材料以及功能等方方面面细节的特色开发及综合。当然，其过程及结果都是“创意无限”。

但是，设计所具有的巨大市场潜力以及提升知识经济社会整体价值（经济效益）的诱惑力，当然也会吸引越来越多的个人、企业、大集团，形成迅速膨胀的“财富效应”，使其趋之若鹜。而市场对此相应的具体体现就是激烈，甚至残酷的竞争。

面对趋利的浮躁市场，有眼光、有前瞻性的设计人士及组织在追求设计特色中，不断探索、形成、提升可持续发展的产品设计风格是长期的战略规划。其中，最易于实现的途径就是建立、开发、拓展、做精益求精的系列产品。系列产品是彰显和提升设计品牌、产品品牌、企业品牌最有效的手段。

三、文化设计与文明发展

文化可以被认为是人类的特殊行为，并包括组成该行为所涉及的物质对象，特别是包括语言、思想、信仰、法典、习惯、机构、工具、技术、艺术作品、礼仪等。20世纪90年代以来，欧美学者比较一致地认为，文化是群体的行为方式。从世界的角度来看，设计对文化的意义是构建世界性范围所认可的文化物质及符号的载体；就一个国家的视野来看，设计对文化的意义则是将民族性文化不断传承以及向外传播的物化载体。

文明是某种高度文化性、科技性、进步性、全面性的社会平台和环境，其根本的物质基础和依据离不开各种形式的满足人类社会生活、学习、工作、娱乐的（设计）产品。因为从某一代表性的产品中就能判断某一时期、某一地区的经济、社会和科技的发展状况。

设计创造文化。设计本身就是体现人类精神文化、物化创意创新活动的过程，是建立、补充、完善，再建立、再补充、再完善的循环过程。

毫不夸张地说，人类历史上每一个重大思想的提出、每一项重大科技发明或发现的萌芽、每一次重大技术革命的掀起，都包含广义上的“设计”的成分和作用。换一个角度，人类都会把“设计”转变为具体的新材料、新技术、新工艺、新方法、新产品，从而形成推动历史进步的重要动因，使人类的精神世界，特别是物质产品世界发生崭新的转变和发展，进而提升人类社会的文化和文明，使其登上崭新的台阶和平台。

今天，设计也从古代工匠的个人“身怀绝技”“授子不传女”“留家不传外”的农耕社会局限转变成一门大众的学科，并进一步分解成许多小的学科分支，成为可以学、可以想、可以做、可以实现伟大创造的社会综合性工具和出发点。并且，现代数字化图形技术的发展使设计也成为普通人可以实现个人价值、为社会发展做出贡献的平台。

在未来的国际大环境中，设计也是国家与国家之间有序竞争的最重要手段或武器之一。英国前首相玛格丽特·撒切尔曾经说过，“英国可以没有首相，但不能没有工业设计”，这一点值得人们深思。

现代设计竞争的特点如下。

①可以体现为设计师个人才华的竞争。

②可以体现为设计方法、手段、工具（如手绘表现、CAD 软件、精致模型等）的竞争。

③可以体现为财力、物力、人力投入量的竞争（如大集团设计部与小设计事务所之间的比拼）。

④可以体现为规则条例的竞争（如制定新的专利、著作权、商标法等保护条款）。

但是，设计的最高层次竞争是文化的竞争，是获得世界认可的民族之间的文化竞争。文化的构建、传承、体系以及不断发展组成了人类的文明发展史，竞争促进优秀文化发展和扩展。作为助推力量，设计的目的及功用不断促成人类社会的文化发展，也在不断促成人类社会的文明发展。

现代产品的市场竞争内容在功能、质量、外形、品牌上，是多种设计元素综合的竞争，即使寻常老百姓不易见到的装备制造业产品，也要充分引入工业设计的理念和方法，才能在激烈竞争的市场中生存、发展、壮大。图 1-6 所示为美国哈斯数控机床部分产品，具有显著的企业形象的传承功用和意义。

图 1-6　美国哈斯数控机床部分产品

四、对设计教育教学的一些思考和实践

世界上几乎没有国家不把教育列为基本的国策，而且普遍有这样的共识——教育的社会效果是需要时间积淀的。

工业设计是一门综合性非常广泛的学科，兼具知识多元性、学科交叉性、技能多面性、认知广泛性，文—理—科—工—艺融合性等，因此工业设计的特点可以说鲜明，也可以说不鲜明。多年的发展说明，设计教育教学工作没有可以直接参照借用的其他经典或成熟学科的经验或模板。

在教学活动中，教师应注重和强调学生在以下几个方面的理性思考和感性实践。

①将对工业设计专业的认识概括为“理念、表达、技能”。“理念”包括两方面内容，其一是通过四年的本科学习，知晓“工业设计”是什么；其二是针对今后从事的设计工作，所应该具备的知识、积累、判断能力以及产品设计“审美”鉴赏力。“表达”就是能把自己对产品设计的大脑形象、思维内容通过手绘、模型、计算机二维或三维软件等载体，转变为具体的视觉形象，转变为可以交流的设计语言形式。“技能”指学习和掌握从构思、分析、方案拟订，到技术图样、结构工艺，以及市场营销等的一般产品设计的实用技能。

②在每一门专业课程中，反复强调如下的专业意识，即发现问题、提出问题、调研分析、交流传达、表述技能、制作等综合能力的锻炼。

③要以“视觉观和构成论”指导专业的学习和实践。

④积极创导和鼓励学生探索思考，包括创意方法的思考，发散创意和收敛创意的调整转换，有针对性的设计方法训练，创新设计、革新设计、改良设计之间的联系与区别，发明专利、实用新型专利、外形设计专利与通常意义的产品设计的关系等。

⑤引导学生思考如何实现从（现在是）设计专业学习向（将来成为）设计师的转变。通过作业、竞赛作品、大学生科创项目（近来，教育部和各大院校都在广泛开展此项活动）、承接的企业的课题等不同形式，使学生在实践中获得切身体会和感受，并进一步认识“一般课堂作业—大作业—作品—设计—产品—受市场欢迎的产品”相互间的联系与区别。再回过头来，就可以全面客观地认识大学所学的公共基础课、专业必修课、专业选修课、专业实践课的作用和意义，厘清个人成长和成才的知识结构脉络。

为了更好地取得效果，定期请毕业后从事工业设计工作的同学，回校开设讲座，与在校学生进行面对面的交流。

⑥创导“学”为主体、“教”为引导，学生主动求知、师生互动，走出课堂、走向社会的实践型教学模式。实践性是设计型学科的主要特征，离开了实践，就无从谈及设计教育和设计教学。实践能力需要通过潜移默化的创新教学形式来锻炼，从而培养学生对专业的认识，培养学生对专业从兴趣到志趣、发展到志向的质的转变。

虽然工业设计学科发端于100年前的欧洲，但我国是一个有着悠久文化历史的国家，也是一个有着丰富悠久教育历史的国家。2008年，全球经济危机使人们深刻地认识到，开发和发展内需是进一步发展的重要目标。同样，教育也应首先立足本土。我国绵绵不断、传承不息的教育历史蕴含着许多伟大的思想、厚实的内容、行之有益的育人育才的方法。宝贵的文化遗产同样也值得今天设计学科教育界的传承和发展，当然也可以在工业设计的教育教学领域中开新花、长硕果。例如，20世纪初，由王国维、梁启超、胡适等国学大师们联手创导的“大胆假设、小心求证”治学理念，与今天提倡的工业设计以“概念创意为先，特色可行传达”的主导理念如出一辙。

随着中国加入世界贸易组织，培养学生建立设计世界性产品的理念，已经成为我国设计和制造专业人士的普遍共识。繁荣活跃的消费市场是设计发展的最大基础和动力。在“创新大国”“设计大国”的目标感召下，随着本土培养的第二代、第三代工业设计专业（包括其他设计专业）教师的诞生，以及大批留学德、日、美、英、法等国家学成的专业人士回国效力，我国的设计教育教学必将不断发展、丰富、完善，也必将为国家培养出越来越多投身“从‘小康’到‘中等发达’跨越发展”战略目标的设计人才。

第三节　现代产品设计的特征与原则

一、现代产品设计的特点

“现代产品设计的特点”是一个相对的概念。如前所述，产品设计是有历史性的，不同的时代必然呈现不同的特色。因为社会经济在发展，技术在进步，文化也在变迁。从制约设计发展的三个要素中，可以分析出现代产品所能够体现出的特点。

①现代产品设计是以“人”为中心的设计。在上文谈到了由于人机工程学的出现，人们越来越关注以“人”为中心，强调从人自身的生理、心理出发对产品设计进行规划的方法。而人性化设计正是现代产品设计的重要特点。从后工业时代，信息化时代一路走来，产品设计的重点已不是单纯的功能主义，也不是纯粹的造型漂亮和便于使用，而是越来越多关注人的行为方式、心理感受和情感诉求，是一种积极的“体验设计”。我们或者通过美妙的造型、怡人的色彩、温暖的材质迎合人们潜藏的心理诉求；或者通过完美的功能开发设计，给人们以无微不至的亲切关怀；或者通过生动的界面设计和新颖的交互方式开启人们积极的情感体验；或者通过缜密的细节设计和机构设计满足障碍人群的特殊需求……如果愿意，

人性化设计是一个可以上升到人文关怀和设计伦理的话题。

美国心理学家亚伯拉罕·马斯洛提出，人的需求可分成生理需求、安全需求、归属与爱的需求、尊重需求和自我实现需求五个层次，这五个层次的需求依次由低到高排列成金字塔形，如图 1–7 所示。根据马斯洛的需求理论，一般情况下，当较低的层次得到了满足后，人们就会受到行为驱使力量的作用去追求更高层次的需求，而一个国家和地区人们需求层次的高低是与该地区经济文化的发展、科技的进步和人们受教育的程度息息相关的。“人性化设计”所推崇的设计精神正体现了人类需求的较高层次，即对使用者的尊重，也在一定程度上反映了人类行为方式和心理活动的客观规律。

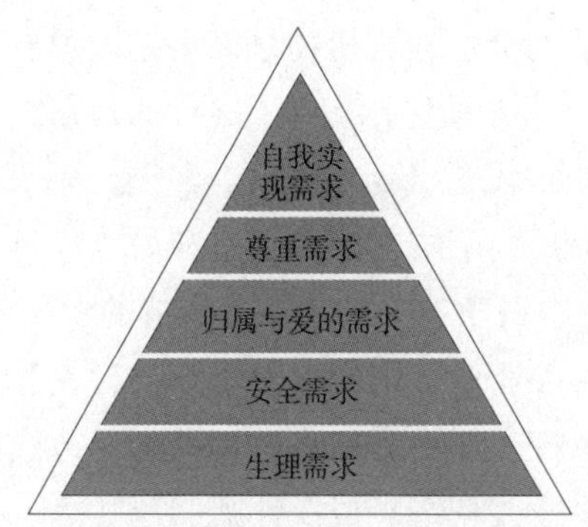

图 1–7　马斯洛的层次需求理论

②现代产品设计是崇尚创新的设计。工业设计从诞生之日起，就一直没有停止创新的步伐，但创新是分阶段和层次的，这与工业设计在社会经济中所处的地位是有关系的，跟工业设计的本质也是有关系的。从这个意义上来说，随着工业设计的发展及其在社会经济发展中地位的不同，其创新的内容和实质也会有所示同。那么，就工业设计来说，创新都有哪些阶段？本书将其划分为造型上的创新、技术上的创新和人文上的创新，如图 1–8 所示。

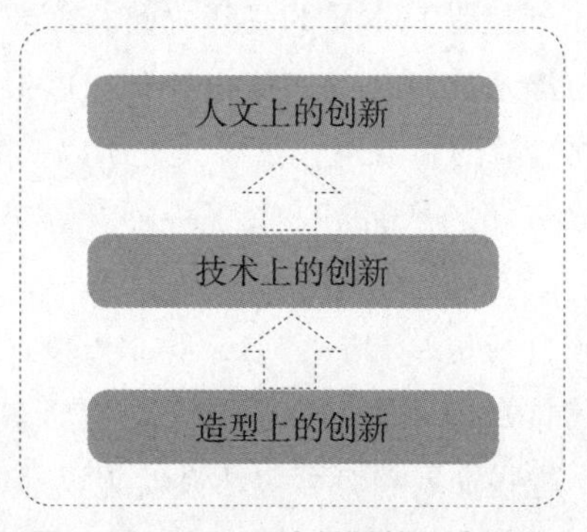

图 1–8　工业设计创新的三个阶段

工业设计就是造型设计吗？当然不全是，造型设计只不过是工业设计的必要内容而不是全部。当然，工业设计源自工艺美术行业，美术家们的争论也多见于风格和图样的纷争，而对工业设计的本质很少挖掘。直到工业革命后，商业的兴起导致了分工的细化，人们更加关注工业设计如何与新兴的设计对象——机械制品进行结合，由此产生了机器美学。虽如此，设计的任务还是停留在美学和造型上面，只不过造型和产品功能的关系得到了纠正。所以，在很长的时期内，工业设计等同于造型设计，其创新价值也体现在对造型的不断改变上。这里面最有名的设计实践便是美国战后的“有计划废止制”，它把工业设计在造型上的作用发挥到了极致。

技术创新包括产品的功能创新、机构创新，甚至材料创新。工业设计的发展离不开科学技术的发展，科技的发展改变了设计的对象，也改变了设计的材料和手段。按设计对象出现的时间先后，可以将其排一个很长的名单出来，包括器皿、家具、机械装备、交通工具、家电、消费电子和如今盛行的交互界面。每一次设计对象的改变都意味着一次科学技术的变革。科技的发展改变着人们的生活方式，催生着新产品的出现，而工业设计则会生发出新的理论和主张去引领人们的生活方式和价值观念。以三维打印技术为代表的特种加工方式的出现将从根本上带来一场材料、设计和加工手段的变革。当设计师们还在为一件本来设计得美轮美奂的产品的分模问题愁眉不展，后来不得不听从结构工程师的建议进行改型时，三维打印技术则从根本上解决了这个问题：无须开模，直接打印！

从某个角度说，工业设计是一种关系的设计，是物与物、人与物，以及透过物理界面的人与人的关系的设计。翻开设计的历史，极尽装饰之能事而忽略了产品功能的“奢靡设计”有之，如清朝宫廷的家具设计；鼓吹功能主义而摒弃造型设计以致产品粗鄙不堪者有之，如工业革命后的机械化生产；当然也有颇具温情的设计，如风靡全球的斯堪的纳维亚风格。设计的“人文性”正体现于此。设计在人文上的创新是设计不断接近其本质的必经之路。随着交互设计成为设计界研究的新领域，工业设计逐渐从物理化的实体设计转向虚拟的非物质设计。在这方面，苹果公司创造了引领潮流的新需求，很多人之所以成为苹果公司的铁杆粉丝，是因为他们通过使用苹果公司的产品，体验了一种新的交互方式，而这种体验正是其内心所需要的。

③现代产品设计是更加多元的设计。多元并非指设计风格上的多样化，而是指随着社会信息化的持续推进以及人们生活方式和生活态度的变化，工业设计呈现出多元化的发展趋势。这些发展趋势可包括人性化设计、通用设计、绿色设计、系统性设计、可持续设计、交互设计等。这些发展趋势并不是孤立存在的，而是

相互交叉，相互影响，共同组成了一幅现代工业设计发展图景。比如，人性化设计专注于人与自然环境的和谐，这和绿色设计的宗旨不谋而合，而绿色设计的提出，正好迎合了可持续设计的构想，通用设计也在关注人的自身发展，也可以被理解为人性化设计的一种，所以，各种设计之间是不可分割、相辅相成的关系。至于为什么会出现这种局面？那是因为这些设计趋势所产生的社会基础和经济文化基础都是统一的，其诉求也具有一致性，只不过它们所偏重的对象以及对社会问题的关注角度不同而已。

总之，产品设计是一项具有时代特色的文化活动，涉及人类社会生活的方方面面。随着社会的发展，产品设计还会呈现出适合当时具体状况的新特点，要用发展的眼光来观察产品设计所表现出的社会现象，并由此领悟现象背后所蕴藏的事物本质。

二、人性化设计

单从“人性化”的提法就能看出这是一种非常接近设计本质的概念。就目前来说，可以给“人性化设计”做如下定义：这是一种满足人类生理需求的设计，是一种尊重人类心理诉求的设计，是一种满足人类情感追求的设计。这三方面缺一不可，共同构成了人性化设计三个层面的设计原则，如图 1–9 所示。

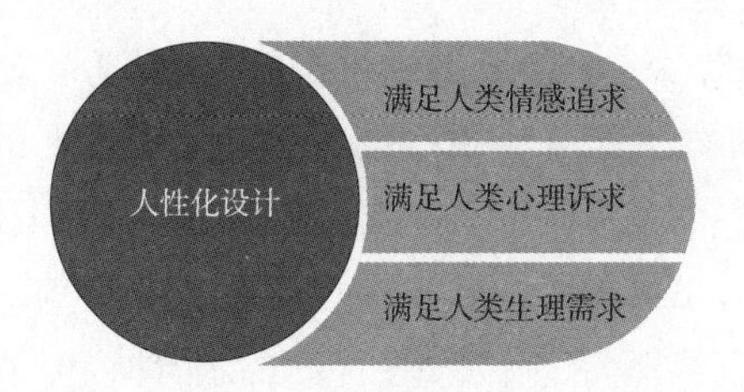

图 1–9　人性化设计的三个层面

①生理层面。一件产品具备了某种功能，能够帮助使用者完成生理上的需求，更进一步说，这件产品除了必备的功能，还能让这个功能以恰当的符合人类操作习惯的方式表现出来，让使用者很轻松自在地去完成和满足所要的需求，那么，这件产品就可以说基本实现了生理上的人性化设计。比如一把剪刀的设计，依靠剪刀能有效把“薄片类”物体进行分割，说明它已完成了自己的基本功能。这是人类所需要的，因为我们的身体本身不具备这样的功能，如果用手撕一张纸的话则很难实现那么整齐的切口，而剪刀却可以实现。但这样还不够，人机方面设计不好的剪刀在长久使用下会给人的手部和腕部造成负担，因为它引导人们在使用的时候采用了不符合人类自然习惯的动作。这个时候怎么办？就需要对人手进行

人机分析，分析人手的大小、形状以及最舒服的姿势，以分析的结果为基础，再用来指导剪刀的设计。如此一来，使用者再次操作剪刀的时候可能就会放松很多，生理上得到了更大的满足。从这个意义上来说，好的产品设计是人类肢体的延伸，人们靠着这些延伸的工具去完成肉体所能完成的一些操作，就像北京奥运会上的“刀锋战士”皮斯托留斯一样，靠着假肢和正常人一起并肩奔驰在短跑赛场上，并取得了不俗的成绩。如图 1–10 所示，即是一把符合人类手部操作状态的园林剪刀设计，其刀头下垂的设计非常符合使用者腕部的形态。

图 1–10　符合人机工程学的园林剪刀设计

②心理层面。对于产品，我们往往不能单单满足于功能上的实现，还希望能得到心理上的慰藉和尊重，方便和舒适不是最终目的。比如，老年人手机的普及、盲人手机的出现，正体现了产品设计对于障碍人群的人文关怀，如图 1–11 所示。在这方面，平等性是我们需要贯彻始终的一个设计准则，这体现了无障碍设计的一些原则，而无障碍设计正是人性化设计的最强有力的表现形式，它们之间本来就是密不可分的。再如，一些优秀的医疗器械的设计为了使患者克服就医时的恐惧心理，往往使用柔和的线条和整体性的布局设计，或者伪装成人们所司空见惯的能给使用者的心理带来安定的器具，如一张舒适的座椅或者单人床等，同时避免让病患看到那些令人恐惧的终端设备，如探头、刀具等。而作为操作者的医护人员也希望借此设计能够提高工作效率，降低疲劳的同时能有愉快的体验。人机工程学和设计心理学是设计师获取使用者心理信息的重要理论依据。但这还不够，作为设计师的我们要有足够敏锐的设计神经，关注社会的变迁和人们生活方式的变化对人类心理和情感所产生的影响，并不断从生活中去提炼设计要素。

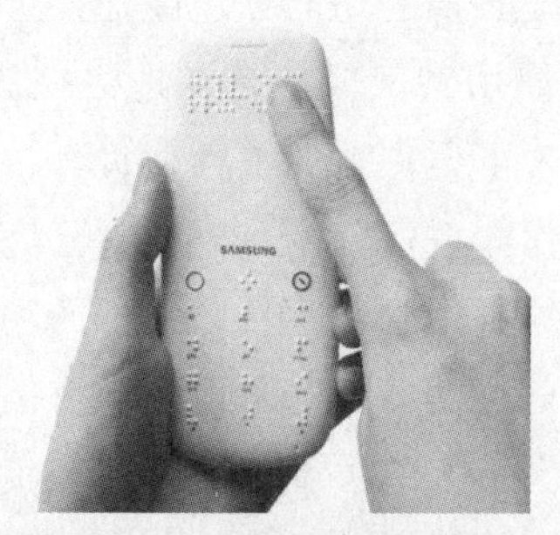

图 1–11　盲人手机的设计

③情感层面。情感诉求是心理需求的延伸，二者同属一体又有所侧重。情感诉求可说是心理需求的一个升华。从这个层面上说，产品便不单是一件具备良好功能的器物，而是可以给人以寄托，能够给人带来更多生活体验的“伴侣”；也不单是一件具体的产品，而是一个可以联结万千产品的纽带，一个借以融入某个社区的终端，一个可以在可预期的未来仍能够发挥作用的不离不弃的“忠实朋友”。这就不单是一件产品设计了，而是一种依托产品而呈现出来的关系设计。人类是群居动物，离不开自然关系和社会关系，基于对这种人类特点的本质诉求，产品设计也得到了升华。而人类的情感是多元和不断发展的，我们必须以一种可持续的设计思维去应对这千变万化的需求。以电脑产品设计为例，一开始是大而笨的显示器和主机，后来是薄而轻的显示器和主机，再后来是一体机和笔记本电脑，笔记本越来越轻薄，甚至省略了键盘，轻薄化到了极致后他们开始注重交互体验，后来就是对软件设计和交互设计的重视程度第一次超越了产品外观，后面还有什么？或许是更深层次的体验？

如图 1-12 所示，这是一款可即时监测使用者身体健康状况的智能手环设计。其监测数据可以通过蓝牙同步到手机中，并由专门的手机软件（APP）进行控制和数据分析，使用者还可以通过网络与他人进行数据的分享。这个设计本身就超出了传统意义上工业设计的范畴，是一种可以实现数据共享的软硬件结合的设计，也是一种基于互联网的手机周边产品设计，满足了使用者多种层次的需求。

图 1-12　智能手环设计

总之，人性化设计要将科学、艺术和对人性的分析进行结合。虽然我们看不到、摸不着人性化，但它会使产品的价值和内涵得到提升，从而使产品充满活力。

三、通用设计

“通用设计”最初是在20世纪80年代由美国设计师朗·麦斯提出的，这是一种致力于将产品设计的结果最大限度适用于所有人群的设计理念，即设计产品既能为健全人所用，又能为能力障碍者所用。这种设计思维曾被形象地称为“全民设计”。实际上，他的核心思想是首先将所有人视为不同程度的障碍人群，即人在不同的环境中会体现出程度不同的障碍性。比如，一个正常的外国人来到中国可能会面临生活习惯和语言沟通方面的障碍，而我们面对一个新产品的时候也会有操作不习惯等问题。这些障碍性阻碍了人与人、人与物之间的正常沟通。一个理想化的通用设计模型就会摒除这些障碍，让所有人的自我能力都能够得到释放。如图1-13所示为一个厕所的通用设计，该设计获得了2007年美国美国工业设计优秀奖（IDEA）设计大奖。其概念重点在于力图同时满足不同特点人群的使用，包括正常人、残障人士等。

图1-13　通用设计理念的厕所

通用设计具有七个原则，下面分别加以论述。

①公平使用原则。由于通用设计旨在通过设计让所有人都能够无障碍地使用，所以，公平性是第一原则。当然在现实生活中，能够满足所有人使用的产品是不存在的，这是一个相对的概念。但是可以通过设计师的努力，力图使产品尽量接近设计的这个原则，就可以最大限度上实现产品的实用性。

②灵活使用原则，即设计要迎合不同人群的不同特点、爱好和能力，做到有多种使用可能的存在，让每个人都能够找到适合自己的产品体验通道。

③简单和直观原则。该原则要求设计出来的产品具有高度的易用性，让具有不同认知能力的使用者都能够快速直接地进行使用，而不受语言、知识水平和当前状态的影响。

④信息传达最大化原则。该原则要求产品具有很强的信息传达能力，无论使用者是否有感官的障碍，都能够把最核心和最重要的信息传达给使用者。

⑤容错能力原则。假如使用者在使用产品的过程中存在误操作和不符合规定的动作，产品应能够将出错所造成的损失和伤害程度降到最小。

⑥能量消耗最小化原则。设计应能保证使用者在操作过程中消耗较低的体力和脑力，舒适高效地完成任务。

⑦足够的空间和尺寸原则。该原则要求产品设计应能方便不同身高、姿态的人和肢体障碍者使用，并保证产品的使用效果。

通用设计的这七个原则相互联系，不可分割，而且里面有些原则又同样适用于其他的设计方法，比如第四个原则和第七个原则也同样适用于"无障碍设计"。那么通用设计和无障碍设计有些什么区别呢？其实二者的本质含义是统一的。都是为了最大限度满足使用者，都是人性化设计思想的体现，都把残障人群作为设计重点关注的对象，可见，二者在设计范围和设计思路上是有较大交叉空间的。但二者又是区别明显的，主要体现在如下几个方面。

①二者的设计宗旨不同。通用设计旨在通过设计满足所有人的需求，相比无障碍设计只针对特殊人群的设计思路更加具有包容性和系统性。比如，通过设计一些通用图形元素可以使不同地域、不同文化背景的使用者都能够正常理解。又如，通过设计带有文字和盲文的楼梯扶手方便正常人和视障者同时使用；而无障碍设计则希望能在正常人的生活空间里为残障人士开辟出一个适合他们的生存空间。在这方面，无论是通过无障碍通道，还是通过残疾人厕所，人们都可以明确感受到设计师针对残障人士的精心设计。

②二者的设计对象不同。通用设计的设计对象是所有可能使用产品的人群。这里面没有区别对待的概念。由于产品的适用对象广泛，通用设计对于问题的考虑会更为全面和系统；而无障碍设计的设计对象主要是针对残障人士，通过分析他们的行为心理特点，有针对性地进行产品设计。如果我们比较关注各类创意设计网站，就会发现针对残障人士的设计概念有很多，从盲人手机到针对盲人的打印机，甚至盲人药盒，层出不穷，体现了设计师对残障人群的人文关怀。

③二者产生的社会意义不同。通用设计的无差别化设计是一种理想状态，其积极的方面在于能够让残障人士在一定程度上消除由身体差异带来的悲观情绪，更好地融入和参与到现实社会生活中来。无障碍设计这种有针对性的设计能够通过了解和分析残障人群的特点，设计出完全符合他们身体特点的产品，为他们的生活提供切实的便利，使他们有信心通过自己的能力去实现自身的价值。

由此可见，通用设计和无障碍设计同样体现了设计师对障碍人群的人性化关怀，只不过设计思路和角度有所不同。二者应该相互借鉴，互相补足，以期通过设计的手段在一定程度上实现社会的和谐。

四、绿色设计

绿色设计兴起于20世纪八十年代，源于人们对现代科学技术所造成的环境污染和生态破坏现象的反思。所以，绿色设计也叫生态设计或环境设计。如果硬要给绿色设计下一个定义的话，那么绿色设计是一种在满足产品功能和质量的前提下，着重考虑产品的环境效益的设计，即把产品的可回收性、可维护性、可拆卸性和可重复利用性作为设计的目标。简言之，要体现所谓的“3R”）原则，即减少污染和能源消耗，保证产品的可回收和循环利用。

绿色设计体现了设计师的职业道德和社会责任心。科技的发展是一把双刃剑，它在给人类生活创造了诸多便利，改变了人类生活方式的同时，也加速了资源的消耗，并对人类赖以生存的环境造成了破坏，如大气污染、水源污染、食品污染。尤其作为发展中国家代表的中国，在经济腾飞、社会发展的同时，环境污染正成为阻碍人们生活质量进一步提高的痼疾。而在这个过程中，工业设计的过度商业化成为改变人们消费观念、造成资源浪费的重要媒介。在人类设计史中，最极端的表现便是美国的“有计划的商品废止制”。事实上，这种现象还在我们的社会生活中以其他的方式在重演。那么，作为设计师，该如何从自身做起，以最大限度遏制这种现象呢？以探究设计本质和设计师职责为宗旨的绿色设计或许是一个不错的选择。

绿色设计非指单一方面的设计，而是一个系统设计过程。它的主要内容包括绿色材料设计、绿色制造设计、绿色产品设计、绿色物流设计、绿色服务设计、绿色可回收设计等多方面，亦即一个完整的绿色设计过程要从产品的规划、设计、材料选择、制造、流通以及回收等多方面进行考虑。这涵盖了一个产品的整个生命周期，所以是一个系统设计。

绿色设计是一种先期设计的思维，即在设计之初就要对产品的整个生命周期进行规划设计，常用的绿色设计方法有模块化设计、循环性设计、可拆卸性设计、组合设计等。

如图1–14所示即是一种模块化设计案例——优耐美安全迷你多功能组合机床。这是奥地利一家公司的优秀产品。该产品可以通过设计划分出一系列的功能模块，不同模块之间可以自由组合，从而能够生成不同类型的产品，满足不同的功能需求。模块化设计是绿色设计的重要设计方法，它可以有效地解决产品设计中的诸多矛盾，非常方便产品的更新换代。这种方法已被应用到我们日常生活的方方面面。

图 1–14　优耐美安全迷你多功能组合机床

五、交互设计

这部分主要回答三个问题。

①什么是交互设计?

交互设计是人、产品、环境三者相互间的系统行为。它从用户需求的角度出发，致力于研发易用性的产品设计，给用户带来愉悦的使用体验。广义上来说，交互设计涉及两方面的内容，首先是用恰当的方式规划和描述上述三个设计对象的行为方式，然后是用最合适的形式来表达这种行为方式。联想到现实生活中，一些大型的互联网企业通常会设置交互设计和界面设计（UI）两种岗位，其实是对交互设计的职能进行了人为的分割，界面设计作为一种交互设计的终端表达被剥离出来了。

②为什么要进行交互设计?

交互设计是随着计算机技术的发展而兴起的。作为 20 世纪最伟大的发明之一，计算机已经成为人们日常生活中必不可少的辅助工具和伙伴。如果说计算机在出现之初，作为一种专业的设备，只有受过专业训练的编程人员才能操作的话，那么发展到现在，我们已经进入了一种“泛计算机化”的时代。计算机芯片已经被植入人们日常生活所用的各种家电产品中，这就导致所有人都将成为计算机的终端用户。如何让没有任何专业知识的使用者都能够无障碍地操作机器成为一个必须要解决的课题。此时，交互设计应运而生，它源于人机工程学，又超越人机工程学的范畴，逐渐形成了自己的专业特点和技术体系。

③如何实现交互设计?

交互设计要解决如下几个问题：第一，要先期定义产品的行为方式，这种行为方式必须为用户所理解，且要有良好的易用性；第二，要有个性鲜明的界面设计来演绎产品背后的行为方式，并用用户可理解的方式进行表达；第三，掺入情感化元素，让用户在使用产品的时候能够得到心理和情感上最大限度的满足；第四，不断探索交互设计的新领域和新方式，把交互设计看作连接人与产品、社会，甚至历史文化的纽带。

总之，交互设计自产生至今，其内涵和外延不断向前发展。它在结合不同学科专业的同时正展现出越来越多元的面貌。人的体验和需求是不断变化的，没有一成不变的交互方式，只有以发展的眼光来看待一个专业的变迁，才能够准确预测产品未来的发展趋势。

如图 1–15 所示为早年微软推出的基于其“表面计算（Surface Computing）”技术的电子茶几设计，这个没有鼠标和键盘的平台完全靠触摸，就能轻松地实现各种不同项目的操作，如网页浏览、分享照片、电子签名等。其本质是一台具有较大显示屏的电脑，靠触摸技术来实现常规的操作。这种屏幕表面触摸技术已经被越来越多地应用到人们的生活中，如现在大行其道的大屏触摸手机，就使这种新型的人机交互方式为普通大众所熟悉，并逐渐延伸到其他电子产品中。

图 1–15　微软推出的电子茶几

第二章　多元文化语境的定位

第一节　多元文化语境的界定

一、多元文化语境的定义

多元文化语境是指在人类社会越来越复杂化，信息流通越来越发达的情况下，文化的更新转型也日益加快，各种文化的发展均面临着不同的机遇和挑战，新的文化也将层出不穷，我们在现代复杂的社会结构下，必然需要各种不同的文化服务于社会的发展，这些文化服务于社会的发展，造就了文化的多元化，也就是复杂社会背景下的多元文化语境。

“多元文化”一词的出现始于20世纪80年代的美国。1988年春，斯坦福大学校园的一场课程改革成为后来被学者们称为“文化革命”的开端。这场改革迅速波及整个教育界，继而在其他社会领域也引发不同的反响，学术界对此现象进行探讨和争论。到20世纪90年代，由于争论的激烈程度，有人甚至把多元文化及相关的争论称为“文化战争”。国内学术界也对多元文化的相关问题进行了探讨。有关于“多元文化主义”的研究成为1990年以后我国对美国文化研究的重镇之一。研究的成果除了论文，其中朱世达主编的《当代美国文化与社会》一书中的文化部分也是重要的成果之一。学术界达成了一些共识，但仍有许多未解决的理论空白。

“多元文化主义”一词近年来已被频频使用，但对它的内涵至今未有一个清楚明晰的界定。王希在《多元文化主义的起源、实践与局限性》一文中将多元文化主义的内涵细化，多元文化主义因在不同领域的不同用途而有不同的内涵，它“既是一种教育思想、一种历史观、一种文艺批评理论，也是一种政治态度、一种意识形态的混合体。显然，多元文化主义已不是纯粹的理论探讨，它成了教育、文艺、政治诉求的出发点和依据，从这个依据出发，目标指向元与元的平等，即所谓的“群体认同和群体权利”。

第二次世界大战（简称“二战”）期间，一种反对美国化、盎格鲁服从以及民族熔炉理论的、宣扬文化多元的“文化多元主义”的观点开始出现。但一开始并不受到重视。这种情况在美国《1965 年新移民法》的颁布后得到了实质性的改善，种族配给原则得到废止，美国政府开始客观、公正地对待各个种族。而在美国《1965 年移民法》颁布后，引发了又一次的移民潮。这次移民潮同以往有一个显著的差别：欧洲西部移民明显减少，亚洲和拉丁美洲移民急剧上升，这又一次改变了原来的移民结构，社会摩擦随之加大。在战后 20 世纪 60 年代，美国社会经历了史无前例的大动荡，黑人民权运动、新左派运动、女权运动、反文化运动等等此起彼伏，各种社会运动高潮迭起，各种骚乱事件层出不穷，种族间的暴力事件比比皆是。也正是从这时期开始，1924 年德裔犹太人、青年哲学家霍勒斯·卡伦所首创的文化多元主义思想又以新的面貌重新活跃起来，这又直接导致了多元文化主义随之兴起。

二、多元文化语境的本质

一般认为，多元文化语境是指以文化多样性为前提，整合多元化的文化资源以适应所有社会环境需求，旨在消除歧视和偏见，促进社会思想发展一种形态。多元文化语境的本质如下。

①多元文化语境适应所有社会环境的需求。

②多元文化语境是实现文化多元之间的对话、沟通和整合的一种思想形态。

③多元文化语境是旨在消除歧视和偏见，促进社会正义的一种课程形态。

多元文化主义目前已经成为继精神分析、行为主义、人本主义之后影响心理学的第四股思潮。多元性是理解创造力的内核，没有一个国家能够包揽所有最好的想法。任何一个国家都有自己的文化和习俗，如伴随着戏剧性的文艺复兴浪漫主义的意大利文化，设计文化有浓郁的浪漫主义特征，深负创造力。德国和丹麦是秩序与条理的代表，设计文化目标明确、条理清楚、目的性强，同时兼具创新。如果不了解民族的文化特征、地域差距，不进行哲学深层思考，不研究人们的心理、人类社会学，知识甚少，对文学全然不知、找不准卖点，可想而知商品就难以畅销，不能在激烈竞争的市场中立足。西方文化从对中国和东方文化的了解中获得了很多灵感，现在的问题是中国文化在同西方文化交流中能够产生什么样的具有原创性的设计灵感？从设计文化上讲，中国还欠缺这方面的经验。我们可以从自己的文化和思想根源中汲取的东西是非常独特的。但同时对外来文化的吸收和应用也是很重要的。包装文化的重点不只是强调文化的差异，而是形成自己独特的风格。芬兰设计师的思维是芬兰式的，德国设计师也有自己的特点，意大利、英国的设计师亦然，但他们每个人的头脑中都有国际意识。问题是我们能否从语言、文化中得到启迪，在国际化环境中产生自己独特的设计艺术。

三、多元文化语境的分类

（一）传统本土化

传统，对人类传统文化而言，是人类在过去的漫长历史时期中，在生产、生活等各方面所逐渐积累起来的文明成果，也是已有的人类智慧的结晶，是后人不断继承与发展前人知识及技能的基础。

中国传统文化元素是人类传统文化的瑰宝之一，那中国传统文化元素具体又有哪些呢？

①中国书法、中国画、文房四宝（砚台、毛笔、宣纸、墨）、篆刻印章。

②剪纸、风筝、皮影。

③龙凤纹样、如意纹、祥云图案。

④筷子、对联、门神、月饼、金元宝。

⑤彩陶、紫砂壶。

⑥刺绣、中国结。

⑦甲骨文、汉代竹简、汉字。

⑧佛、道。

此外，还有很多中国味的文化元素，如中国瓷器、京戏脸谱等。中国有 56 个民族，每个民族都分布在不同的地域，各个地域民族特点不一，而且每一个中国传统文化元素又含有多个不同的内容。要谈中国文化元素不是这一段文字可以说明的，还必须亲身去体验并深入研究。

中国传统文化元素在现代产品设计中的应用现状，就是在文字、图形、色彩、材料上赋予传统的韵律，对整体辅之以一定的编排设计，从民族传统文化出发，让中国的产品设计赋上新的文化意义。

1. 传统艺术的应用

剪纸艺术、皮影艺术、版画、书法、国画等都是中国的传统艺术，具有深厚的生活气息。通过提炼其元素，在现代审美意识中产生一定的共通性，从而在产品设计中传达一种精神内涵。中国书法是中华民族文化的精髓，并已成为现代设计里的一种重要的传统元素，它充盈着旺盛生命力和独具一格的艺术魅力。

2. 传统图形的应用

古往今来，中国人民以勤劳和智慧创造出辉煌的民族文化，产生了许多的吉祥图形，如动物纹样中的龙凤、麒麟、狮、虎、龟；植物纹样的梅、竹、菊、牡丹、莲花；人物纹样中的门神、财神；符号纹样中的万字、寿字、双钱、八宝等等，这些吉祥纹样都表达了人们对美好未来的憧憬和对生活的热爱。

3. 传统色彩的应用

假若站在离商品较远的位置，在没看到细节之前，而颜色亦足以烘托整个商品的气氛了。中国有着独特的色彩文化：青色体现了表铜器古朴凝重的美；红色代表着民族的喜悦情绪；黄色是中国封建社会皇权的象征。

4. 传统材料的应用

随着人们生活水平的提高，消费者对绿色包装、天然物件的日益向往和怀旧情感加剧，竹、木、纸等材料的比金属、塑料更受欢迎，这种具有地域特色的包装很容易使人感到亲切，既体现了包装文化中的民间特色和乡土气息，又表现了产品绿色、天然的内涵。在设计中将传统形式内容的重新整合，是对传统文化真正意义上的传承和超越，更符合现代人的审美情趣。以上这些中国传统元素在设计中的应用，往往是多元并存的。这种多元互补的设计构想不但大大增强了文化的厚重感，也有助于现代设计理念的延伸和视觉感染力的增强。

（二）现代化

应该说，从 1949 年新中国成立到 1978 年的改革开放，这个阶段占主导地位的文化语境就是立足于本土的现代性话语；而 1978 年以后，尤其是整个 20 世纪 80 年代，西方的现代性模式就对本土的现代话语产生了很大的冲击，并逐渐占了上风。就文化、艺术领域而言，不同的现代性诉求自然会催生不同的艺术思潮，同时，也将形成一套与之匹配的文化、艺术制度。

按照本土的现代性逻辑来看，新中国成立以后，尽管中国面临着西方国家潜在的渗透与抵制，但毕竟没有像改革开放以后那样直接与西方进行对话。虽然说新中国成立之初，我们在科学技术、民主法制等方面曾向苏联学习，但中国几乎是完全立足于自身的政治、经济、社会现实来建设自己国家的。以文化、艺术领域为例，中国的现代化进程与中国的文化艺术建设是同步的。

1978 年以后，一种建立在西方参展系下的现代性叙事逐渐打破了此前封闭、僵化的艺术机制，其核心的推动力源于当时的改革开放。一个主要体现在对社会现代性的诉求中，即国家追求改革开放，力图建立一个富强、民主的现代化国家；一个体现在审美现代性的领域，即部分艺术家渴望建立一种与现代化变革相匹配的现代文化，推动传统艺术向现代形态的转型。与此前在本土的现代性逻辑下的现代性诉求有所不同，它们都肩负着一种共同使命，那就是在改革开放的过程中必须对西方的“冲击”进行有效的“回应”。具体而言，20 世纪 80 年代初，人们已经直接地感觉到现实生活的悄然改变，高楼、汽车、电视、电影、牛仔裤、港台流行音乐等对日常生活的影响越来越大。在那时，一切新事物的出现都表征着现代社会的来临。

20 世纪 80 年代，中西文化交融主要是我们在学习和借鉴西方的现代文化，在这个借鉴的过程中，还出现了大量的“误读”现象。借鉴与“误读”的后果之一就是“想象的西方”作为一种文化现象开始浮现出来。于是，文化界需要建构一个“想象的西方”。之所以用“想象”，是因为这些源于西方的现代文化也不再具有在西方文化语境中那种属于自身的意义和价值，而是被我们主观化、浪漫化、理想化了。就文化思想而言，这种现象在当时的文化界中体现得较为突出。

实际上，在 20 世纪 80 年代的社会文化语境中，当时的文化界集中体现出了社会现代性与审美现代性的冲突与对抗，同时，它也是中西文化在碰撞与交融后的产物。就文化领域而言，我们之所以借鉴西方，目的不是原样地复制和拷贝一种西方的现代文化，而是希望发展一种立足于本土的现代文化。

（三）数字信息化

20 世纪末，随着网络技术、光电技术、通信技术的全面开发与广泛应用，“网络化的生产关系、数字化的生产力”的出现，使世界文化经历了一场数字化、网络化、全球化的历史变革。

所谓“数字化”，就是把所有的信息都转换成数字信号并存入计算机，由计算机进行技术处理并可通过网络传送。数字化不仅是一种信息储存和处理技术，而且是信息社会和知识经济社会的技术基础。数字化作为工业化的最高实现形式，彻底变革着生产技术的发展进程，同时也极大地改变着人们的生活方式和思维观念，对建筑的发展也必将会产生广泛而深刻的影响。

几年以前，美国麻省理工学院教授、媒体实验室负责人尼葛洛庞帝以一本《数字化生存》为我们勾勒了一幅数字化背景下未来城市与社会生活的乐观图景，继而《比特城市》又提出了新的城市模式概念。基于信息社会的数字化特征和趋势，“数字地球”和“数字城市”工程已经被提到议事日程。数字化时代最主要的特点就是计算机化与网络化，它直接影响着人们的生存状态。正如工业革命带来的巨大变化最终引起了现代主义设计运动一样，信息技术的浪潮也将为未来的设计行业带来一次新的革命。

数字化更深层次的影响，还在于文化层面上。数字化改变着人的生活方式，进而影响人类文化。人类社会进入 20 世纪 90 年代，尤其是 1993 年美国正式提出建设“信息高速公路”，在世界范围内产生了极为广泛的影响。信息时代的来临促使经济和社会的发展进入了一个空前复杂的时期。设计业的发展要满足经济和社会发展的需要，因此，设计的概念已不仅仅局限于本土传统设计和其他外来设计的总称。设计所包含的内容越来越广泛，所要解决的问题越来越复杂，涉及的相关学科越来越多，材料上、技术上的变化也越来越迅速。与此同时，设计业的研究范围在广度和深度上也得到了很大的拓展。

人类迈入了信息社会，全面进入了信息时代。信息社会的说法来源于丹尼尔·贝尔有关后工业社会的定义，就是人们常说的服务型社会或非物质型社会。

信息社会与工业社会不同，工业社会的发展主要依赖于能源等物质资源，信息社会的发展主要依赖于智力资源，大多数人的工作不是生产商品，而是从事信息工作，价值的增加主要靠知识。它是使人类智能和创造能力被普遍开发的一种社会。这种社会，实质上就是社会生活中的广泛应用现代化通信，计算机和终端设备结合的新技术社会。

在物质产品丰富、数字通信技术发达的信息社会，人们不再为了掠夺式的物质生产而对生存居住环境进行大肆的破坏，转而更加关注周边环境的和谐发展，保持和发展存留设计中的文化特色。文化作为一个非物质性的概念，在未来将对经济的发展和社会的进步起到非常重要的作用。这种人文精神和人本主义的复苏，对设计的发展也将起到不可忽略的作用。

第二节　多元文化语境的特点

一、多元文化语境的特点显著

多元文化之间的关系是多元文化语境必须面对和处理重要问题。从文化之间的关系来看，多元文化语境具有文化的多元平等性、文化的会通整合性和文化的互动创生性三个显著特点。

（一）文化的多元平等性

在多元文化语境中，“多民族性是其基础或中心问题”。众所周知，在漫长的岁月中，人类创造了各具特色的民族文化，并形成了各自不同的文化模式。这形形色色、林林总总的文化共同构成了丰富多彩的世界文化，突显了文化的多元性，这是人类的共同财富。继承和发展各民族的优秀文化是人类共同的责任。多元文化语境作为指导和影响人类文化的重要载体，文化的多样性自然成了多元文化语境必须面对的事实和前提。同时，文化多样性又为多元文化语境的建构提供了丰富的文化资源。

文化的多元平等性是多元文化语境处理多样化文化之间关系的一个重要理念和准则，它构成了多元文化语境的一个典型特征。多元文化语境认为，每个民族无论大小都有其存在的合理性和必要性，各民族文化都是其在社会历史发展过程中所创造的物质财富和精神财富，都具有重要的教育价值。因此，多元文化语境承认各民族及其文化的平等性，并在实践中予以充分的尊重。多元文化论者认为“凡文化都应受到相同的尊重与估价”，多元文化语境的一个重要特性是帮助人们从多种民族文化的观点来了解国家和世界的情势。

（二）文化的会通整合性

多元文化的会通整合性是文化多样性的必然要求和选择，主要体现为以下两个方面。

第一，多元文化语境以宽广的视野关注和整合各民族文化的精华。原创文化应能帮助人们了解自己的社会，并对其他社会有足够的了解，增进彼此的认识；其内容也不是只基于一种文化，亦应包括该地区所有族群的文化。多元文化语境以其广泛的综合性有效地整合了各民族文化的精华，也促使人们实现着对不同民族文化的认同和接纳。

第二，多元文化语境容纳了区域内文化和文化间的理解与和谐。多元文化语境不仅关注了主体民族和少数民族的优秀传统文化，还将视点扩展到区域内的所有文化及文化间的事件和问题，并以“理解”的方式促进着文化群体的和谐发展。因为理解是文明的开始，透过文化间彼此的理解，不同文化间的误解也会随之消失，进而促进整体的和谐。

（三）文化的互动创生性

多元文化语境并不是对多元文化的一个静态复制过程，而是一个动态生成、文化创新的过程。

第一，多元文化语境包含了各民族在交流互动中的创新文化。研究发现，每一个民族在发展自身文化的同时，都在有意无意间进行着与异文化的交流和互动，尤其在当代，这种趋势更为普遍，在这种文化的交流与互动中，“边缘文化”和“创新文化”不断地创造和生成。“两种对立思想的交接意味着新思想的诞生，两种平等文化的遭遇意味着生成一种新的文化”多元文化语境不仅要把各民族文化的精华包含其中，同时还要关注这种“边缘文化”或“创新文化”。

第二，多元文化语境不再是静态复制，它注重不同文化的互动交流，并且反思和批判。

二、多元文化语境的特征

（一）和而不同

在中国传统文化中，“和”与“同”是不同的。不同性质的东西相加，叫“和”，“和”能产生新事物。相同性质的事物相加，叫“同”，“同”则产生不了新事物。在“同”的作用下，事物不能发展，只是一种停顿，乃至倒退；“和”是以“不同”为前提的，不同就是差异，有了差异，人们才能寻求沟通、合作、互补。“同”是“不和”的原因。“同”就是没有差异，大家都一样，人们没有沟通的愿望，没有互补的可能性。“同”的无差异性，造成人们无须合作、互补、交流，但却会导致竞争和冲突的产生。文化要有新的发展，而且要呈现和谐、平等的状态，必须遵循和而不同的原则。

首先，文化多元化承认不同。一种文化就如同一个人，由于先定的环境和条件不同，如地域、人种、习俗、历史、分工、身份、利益等的不同，每种文化都有体现其民族特征的思维和行为模式。即使在将来，经济一体化逐步改变各个地域的生存环境和条件，使不同地域的人们面临着基本相似的生活遭遇，但人们的价值认同还会因不同利益、程度差异、时间先后的区别而不同。因此，文化价值观的自然差异是不容抹杀的，绝不存在整体划一、同质的文化。每种文化都是人类对付不同境况和挑战的独特及智慧的积累，每种文化都有不可剥夺的存在理由和独特价值，都应受到尊重和宽容，绝不能允许文化霸权主义的存在。

其次，我们要把“不同”作为文化的理想去追求，而没有必要一味去追求文化的一元化。因为文化的多样性和差异性对文化、社会和人本身有着积极的不可替代的作用。各种文化只有在不同中接触到异性文化并以它作为参照系，才能不断地了解自身，摆脱自身文化的消极因素，吸取他者文化价值资源的优秀成果，增强本民族文化的生命力和创造力，达到整个人类文化的全面进步。多元文化的存在还为个人提供更多的选择机会和价值取向，赋予个人更多的自由和更丰富的精神世界，以及更有力的行为表现和更有意义的生命存在，从而使社会更具活力和更加稳定。

（二）多元一体

文化多元化强调文化之间的差异性和多样性，然而它并不否认具有共同性和统一性。由于人类生命存在、实践活动和所处自然环境的共同性，文化具有人类的共通性。各种文化中会存在某些共同和普遍的原则，如对人的尊严的重视，对公正的推崇，对幸福与和平的向往，对美的追求和对爱的渴望，等等。而各种文化的区别在于其所实现和表现的具体方式不同。

从现实来看，人类的生存关系越来越密切，不仅经济联系越来越密切，而且面临的许多社会问题，如生态平衡、环境污染、战争与核能的威胁、人口剧增和贫穷等问题，以及人类基因组计划和克隆技术所引起的伦理问题等已不再归属于某一国家、某一地区、某一民族，它们被全球与全人类共同关注。人们不得不通过寻求相互统一、相互依存的原则和方法，合力去解决这些问题。

因此，文化的多元化价值建构应是一体多元的方式。一体与多元并存并不相悖。一包含着多，多制约于一，没有多的一是苍白和单调乏味的，没有一的多则因无法沟通显得纷乱无序。中国文化就是一体多元价值建构的文化样板，它既有一体化，又有多样化。这种一体多元的文化复合体既使中华文化内部保存了源于多样性的活力和互补性，又有助于中华文化的长期稳定发展和延续，避免了由文化冲突可能造成的灾难性毁灭和悲剧性的衰落。

未来的世界文化也应是在多元繁荣的基础上谋求文化深层价值取向和基本精神的相对统一，各民族将分别扮演他们各自的角色，在保持自身文化特色的同时，对人类共有的价值原则共同负责，共同做出贡献。一体多元是对和而不同的价值建构，“一体”是对“人类一体”认识上的统一，“多元”则是对自身文化的自信。一体多元的特点是纵向连续性、横向包容性、内在统一性。这种一体多元的价值建构体现着对人类共同命运的关切，也没有忽视或试图隐瞒那些使世界上各民族彼此相异的，在种族、地域、历史、语言、习俗、利益等方面的多样性，而是坚持通过有效磋商来取得共识。这是一场前所未有的变化，是人类在经过自身存在的无数次反省而达到的一种精神上的自觉，是对人类未来文明图景的宏观构建。

（三）多元并存

全球化是从1492年哥伦布远航美洲，东西两半球因而“汇合”而开始的。从那以后，西方主导了世界的经济、政治的发展，随着殖民地的不断建立，世界文化进入了欧洲中心主义时代。20世纪四五十年代以来，殖民体系渐渐瓦解，民族国家的独立表明多元化已成为现实，和平共处、沟通、对话成为历史的发展趋势。苏联的解体——作为社会主义强权的一极的消解，不仅没有造成美国作为资本主义强权的一极的模式国际化，反而造就了世界政治经济体制的多元共存。各国越来越意识到，虽然全球化与现代化是从西方化开始的，但现代化绝不等于西方化。于是，世界文化的发展由一元独霸或二元对立走向了多元并存。

在当今时代，以市场为纽带，以商品和生产要素流动为媒介，各国经济已日益紧密地联接在一起，而成为相互依存的经济体系。有些人因此认为，在全球化环境下，世界文化将走向趋同。这其实是被表面现象迷惑了。我们必须看到事情的本质，即经济全球化是一个内在地充满矛盾的过程，一方面各国相互依存、互相合作的程度不断加深；另一方面各国为防止本国利益完全湮没于全球化浪潮中，则千方百计地增加竞争力，维护本国的经济利益。只要世界还是由国家组成，无论经济全球化如何拓展，追求本国经济利益最大化始终是国际经济关系的出发点和归宿。各国相互依存程度的加深并没有自然而然地使各国经济利益趋同，反而使国际间的经济竞争更趋白热化。不同的国家利益必然会导致不同的文化诉求，形成多元的价值观和生存方式哲学，文化多元化的价值转向成为不可忽略的事实。

还有另一个值得注意的现象就是，随着信息化时代的来临，人们可以通过新的通信、交通工具，新的娱乐方式，特别是国际互联网，体验他人创造的文化生活方式以及建立与他人更广泛、更直接的联系。但往深处想一想，这一切无不带有一种欺骗性、虚假性，人们只会得到一大堆言语的、视觉的现实幻影或短暂的满足，却得不到作为感性与理性统一体的自我的真实和长久的体验。因为一个国家的传统文化总是会在人们的内心发生作用，会表现出人们在天性中就已具有的“对身边可依赖的支持的需要，即对家庭、邻里，对文化习俗，对把‘我们’与‘他们’分开的意识的需要”。因此，民族意识的增强及对自己民族传统文化的反思、肯定和认同便显得非常重要，在经济全球化基础之上的文化发展总是离不开民族与传统多元的价值追求。

不否认在全球化语境下，经济上较为发达的国家的文化具有向全球扩张的优势，但它们并不能够在所有特殊环境中都获得优势。这是因为各种文化都有其特定的环境、历史、条件，具有不同的主体价值观。各异文化不可能完全被同化，文化只是有选择的借用，通过自己的文化眼光取所需之物，体现出强烈的人文选择的意义。尽管当今全球化已成为世界发展的总体趋势且部分成为现实，但它却无法摆脱各国文化的独立发展的合理性，这正是全球化下文化发展的真实状态。因此，多元化在全球化语境下仍然是文化发展的一种普遍现象。

（四）高扬民族文化

文化规定着人们的生存模式并标志着这个民族在整个世界中的存在状态，文化的个性与独立是一个民族、一个国家的立身之本，如果消泯了一种文化的特性与形态就等于丧失了这个文化群体在人类社会中存在的地位和价值。在文化多元的前景下，各民族和国家高扬自己的本土文化，发挥各自文化的优势。

民族文化是一个有机的生命体，一个复杂、变化发展的混合体，一个动态的概念，它不断地抛弃传统文化和本土文化的糟粕，不断地糅合现代文化和外来文化的特点，结出带有新质的果实。拿我国来说，中华民族文化是一个庞大而复杂的精神系统，其文化传统、语言、价值取向、民族精神、宗教传统、生活方式、社会习俗都有其独特之处，是世界多元文化中独特的一元。

民族文化内含着一个民族特有的价值观念，凝聚着一个民族的精神实质，它是一个民族的基本象征。高扬民族文化的关键就是立足本土，倡导民族的自立自强，在全球化的语境下，充满民族的自信，毫不犹豫地宣扬本民族的文化价值观点，走自己的路，喊出民族自己的声音。要知道，任何随“大流”或随“西”流的文化倾向，最终只能丧失自我，失去竞争力。

第三章　多元文化语境对产品设计的影响

第一节　多元文化对消费心理的影响

消费心理学是与工业设计密切相关的心理学的分支。产品设计旨在创造出符合人的需求的产品或作品，改善人们的生活方式。这就要求产品设计师对消费者的心理有一定的了解，并利用这些心理学方面的知识为设计服务。开展消费心理学的研究是试图沟通生产者、设计师与消费者的关系，使每一个消费者都能买到称心如意的产品并享受相应的服务。要达到这一目的，必须了解消费者的心理并研究消费者的行为规律。

一、消费需要与动机

行为科学认为，人的行为都有一定动机，而动机又产生于人类本身内在的需要，消费行为也不例外。需要是指人们在个体生活中，感到某种欠缺而力求获得满足的一种心理状态。当某种主观需要形成后，在其他相关因素的刺激下，就会引发购买动机，从而产生购买行为的一种内驱力。

1954 年，美国心理学家马斯洛在《动机与个性》中，提出了“需要层次论”。他依据需要的重要性、先后出现的顺序，将需要分为 5 个层次，呈塔形。马斯洛的需要层次理论把人的基本需要按层次组织起来，纳入一个连续统一体中。最初的需要层次带有机械性，即需要从低一级向高一级自然出现。他后来又指出，这种结构并非刚性的，有许多例外，出现顺序颠倒。

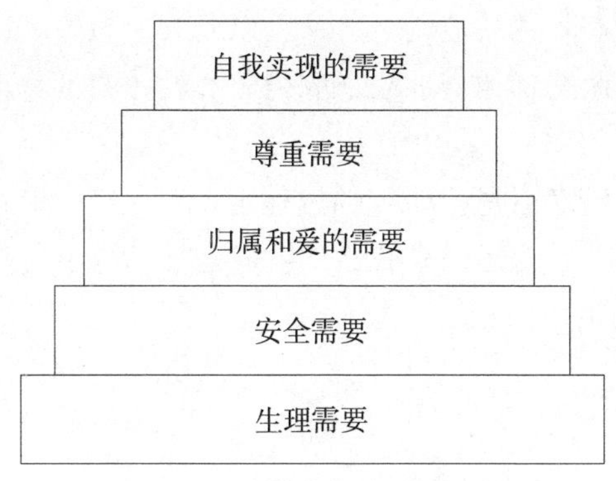

图 3-1　马斯洛层次需要理论

就现代社会而言，生理需要容易满足，对人类的支配力量越来越小，而较高的心理需要和社会需要则越来越多。马斯洛认为，已满足的需要不会形成动机，只有未满足的需要才会形成行为的动机。因此，设计者必须了解目标市场上未被满足的需要是什么，然后才能通过设计来解决这一问题。

消费者内在需要是产生购买动机的根本原因和动力，但动机的形成也离不开外部环境的刺激。例如，商品良好的质量、美观的造型、精致的包装、实惠的价格以及主动、热情、周到的服务，都是诱发消费者购买动机的不可忽视的因素。另外，广告宣传、产品的展示等也是有效的强化刺激方式。

购买动机是一个复杂的体系，一种购买行为可能包含若干个购买动机，较强烈而稳定的动机成为优势动机，其余的则成为劣势动机，优势动机往往起关键作用。优势动机和劣势动机不仅相互联系，而且在一定条件下相互转化。例如，在决策或选购过程中，发现钱不够或服务人员态度恶劣等，都有可能使优势动机被压抑，转化成劣势动机。

二、消费者的购买行为

消费者购买行为是指消费者个人或家庭为了满足物质和精神生活的需要，在某种动机的驱使下，用货币换取商品或服务的实际活动。研究消费者动机，主要解决消费者为何购买的问题，而研究消费者购买行为，则是明确消费者的分类、购买习惯和购买过程，目的在于揭示消费者购买行为的规律。

消费者的购买行为受到许多因素的影响，这些因素归纳起来主要有四类：文化因素、社会因素、个人因素和心理因素。因此，消费者的购买行为也是千差万别、多种多样的。按照不同的划分方法，可以把消费者分为不同的类型。按照消费者对购买目标的选定程度划分，可以分为全确定型、半确定型、不确定型；按照消费者的消费心理和个性特点划分，又可以分为习惯型、慎重型、冲动型、经济型等。针对不同的消费者类型，应采取相应的设计和策略，以满足消费者的不同需要。

消费心理学在对消费者进行研究的过程中发现，广大消费者在购买过程中的心理变化，一般遵循五个阶段的模式，即唤起需要、寻找信息、比较评价、购买决定和购买感受，如图 3-1 所示。

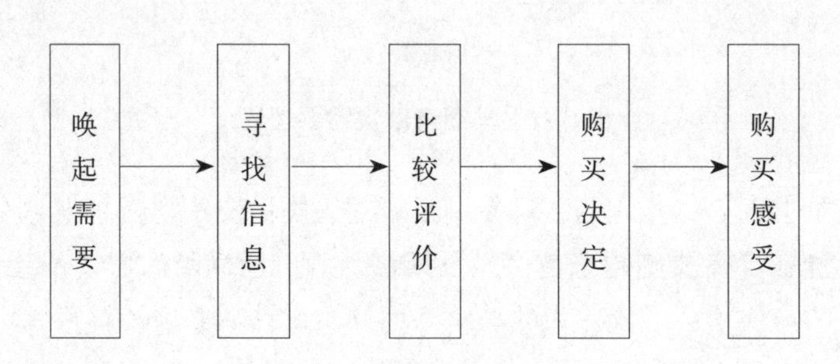

图 3-1　消费者购买过程模式

消费者购买行为的起点是消费者的需要，源于内部刺激和外部刺激，然后寻找购买对象，收集相关信息，如品牌、性价比、售后服务等。信息的来源一般包括市场来源、社会来源和经验来源。在广泛收集信息之后，消费者权衡各自的长短优劣，确定对某商品应持有的态度和购买意向，以便做出最佳选择。购买决定阶段是消费者购买行为心理变化的最高阶段。

从唤起需要到购买决定的阶段都可以被看作购买决策阶段，概括起来主要有六个方面的内容（“4W2H”）：为什么买（Why），即权衡购买动机和原因；买什么（What），即确定购买对象；买多少（How many），即确定掏买数量；何时买（When），即确定购买时间；在哪里买（Where），即确定购买地点；如何买（How），即确定购买方式。

购买了某一商品或服务后，并不意味着购买过程的终止，因为消费者购买后的感受对于购买行为有重要的反作用，甚至是唤起新的需要的重要因素。如果消费者感到满意的话，他可能会继续购买，或鼓励身边的人去购买。反之，消费者如果感到不满意，他会寻找相应的办法解决这一问题，甚至让周围的人对该商品或服务产生负面的印象。因此，购后感受也应属于购买过程的一个重要环节。

当然，在现实的购买活动中，并非所有的购买行为都依次经过以上五个阶段。事实上，有时消费者购买行为非常简单，从唤起需要到购买决定几乎同时进行；有时消费者购买过程又比较复杂，不仅要经过每一个阶段，而且还会反复。无论消费者的购买行为简单或复杂，其购买目的都是为了选购到符合自己需要的产品或服务。

三、产品设计的消费者行为分析

无论是在消费者市场还是在生产者市场，商品交易的实现从表面上看都是偶然发生的。但如果仔细分析，就会发现，这种偶然性里面有其必然性，其购买行为有一定的规律性。西班牙有句古谚语说得好："欲成为斗牛士，必先学做牛。"在市场营销整体活动中，要想做好营销工作，就一定要设身处地站在购买者的立场，摸清楚他们的想法与偏好，以便了解购买者的购买行为。

（一）购买行为分析的作用

购买行为分析是指企业为了实现预期目标，对购买者在购买商品或劳务过程中所发生的一系列行为反应进行分析，以便为企业的市场营销活动提供依据。

购买行为分析产生于第二次世界大战之后。当时西方发达国家物资短缺已宣告结束，经济增长迅速，商品供过于求，市场开始由"卖方市场"转化为"买方市场"，以满足顾客需要为中心的"市场营销观念"应运而生，购买者行为分析成为企业经营活动的重要内容。并且，随着科学技术的迅速进步，新技术和新产品不断涌现，人们的收入水平和文化、生活水平迅速提高，购买者的需求瞬息万变，这进一步促使企业加紧探索购买者的行为。另外，由于消费者要求保护其权益的呼声以及公众对企业污染环境的舆论谴责等，也迫使企业必须设法了解、分析购买者的意愿和要求。因此，购买行为分析成为企业日益需要重视的问题，并在企业经营活动中起着越来越重要的作用。

①购买行为分析是企业市场营销活动的基础。企业经营活动是围绕市场展开的，因此必须了解市场，即了解某种商品的市场是否已形成，该市场具有何种特征，该市场规模的大小等。而要进行上述活动，就离不开对购买者行为的分析。只有在调查、分析购买者行为的基础上，才能有效地开展市场营销。

②购买行为分析是企业了解、确定市场细分的一项主要依据。市场细分的一项主要依据是通过消费者需求的差异，将整体市场分解成不同的子市场。可以通过购买行为分析来寻找消费者的需求差异，找出整体市场中不同类型的消费者的需要、偏好和特性等，从而确定以某一类型的消费者为其目标市场。

③购买行为分析有助于企业确定市场经营目标。企业市场经营目标的确定，在一定程度上是通过分析购买者行为获得的。因为购买者行为可以反映出他们对企业及产品的看法，企业可据此确定市场经营方向，生产适销对路的产品，满足顾客需要。

④购买行为分析有助于企业制定最佳市场营销组合。市场营销是企业以满足顾客需要为中心所进行的一系列活动，为此，企业只有通过对目标市场购买者的行为分析，了解购买者的需求特点和购买行为的产生与发展过程，才能有计划、有目的地制定有效的市场营销组合，满足顾客需要，实现企业经营目标。

⑤购买行为分析有助于企业准确地、有针对性地开展市场营销活动，实现企业经营的最终目的。

企业经营活动的最终目的是实现其产品的价值和利润。只有企业产品销售出去，被购买者所认可，最终目的才能实现。而购买者行为从产生需要、选择购买直至完成购买这一过程是由一系列相关联的活动所组成的，其中某一环节中断了，其购买行为也就中断，整个购买过程将不能完成，企业产品的价值和利润就不能得以实现。因此，对购买行为分析有助于企业有针对性地组织市场营销，促使其购买行为过程顺利完成，实现企业经营的最终目的。

（二）消费者市场及其购买行为分析

消费者市场也称最终消费者市场。这个市场的顾客，是广大的消费者，购买的目的是满足个人或家庭的生活需要，没有背利性动机。消费者的特点决定了消费者市场的特征。

①市场广阔，购买人数多而且分散。凡是有人群的地方，就需要消费品。因此消费品的销售卖点比较多，并且要尽量靠近消费者，方便消费者购买。

②购买者购买次数较多，时间分散，每次购买的数量也较少。这是因为消费品大多数不能够按时间储存，而且又需要经常更换，消费对象又以个人或家庭为主。

③市场需求弹性较大。消费者可供挑选的产品种类繁多，花色、品种、规格复杂，相互之间有较强的替代性。例如，喝水可用玻璃杯，也可用瓷杯，甚至磁化杯、钢化玻璃杯等，需求一般受价格影响较明显，所以在消费品市场上应增加产品的花色、品种，满足消费者日益增长的物质和文化生活需要。

④非专家购买。消费者市场上的购买者大多缺乏专门的商品知识和市场知识。购买时，主要凭个人的感情和印象，因此他们的购买决定容易受广告宣传、商品的包装和装潢、推销方式和服务质量的影响。

⑤购买力流动性大。由于购买者易于流动，购买力也随之流动。一般说来，消费者外出时总愿意在当地购买一些土特产和名牌产品，农村人口和城镇居民习惯到城市购买更优良的产品，因而造成购买力经常在不同地区、不同产品及不同企业之间流动。

⑥除少数高档耐用品外，一般不要求技术服务。

（三）消费者购买行为的模式和类型

1. 消费者购买行为的概念

消费者购买行为十分复杂，一般认为，消费者购买行为是指消费者在购买商品或劳务过程中所发生的一系列行为反应。它是一个行为过程系统，此系统一般包括六个要素，即“5W1H”——谁买（Who），买什么（What），为什么买（Why），什么时候买（When），什么地点买（Where），如何买（How）。

2. 消费者购买行为的模式

消费者在购买商品或劳务过程中所发生的一系列行为反应在一定程度上受其购买心理活动的影响，而消费者购买心理过程又犹如一只“黑箱”，看不见、摸不清。外部刺激经过“黑箱”产生反应后，引起行为。因此，消费者购买行为是“刺激—反应”（S—R）的行为。消费者购买行为的详细模式如图 3-2 所示。

图 3-2 显示了外部刺激进入“黑箱”后产生一系列反应的过程。购买者外界的刺激包括两类：一类是营销刺激，主要指企业营销活动的各种可控因素，即“4Ps”——产品、价格、分销和促销；另一类是其他刺激，主要指消费者所处的环境因素，如政治、经济、文化、技术等的影响。这些刺激通过购买者的“黑箱”，即心理活动过程产生一系列反应，就是购买行为。

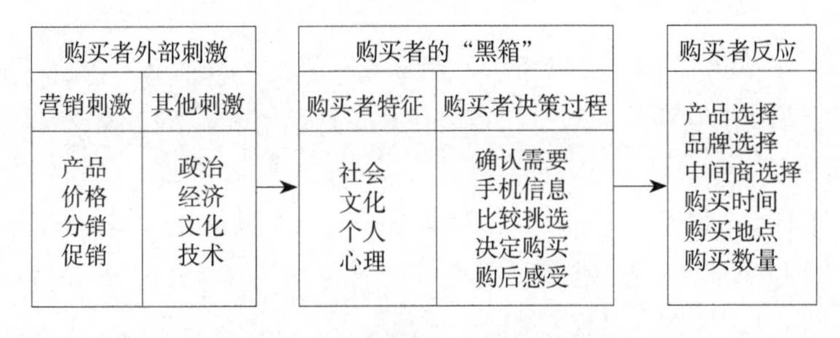

图 3-2　消费者购买行为的详细模式

刺激和反应之间的购买者黑箱包括两个部分。第一部分是购买者的特性。购买者特性主要包括影响购买者的社会、文化、个人和心理因素。这些因素会影响购买者对刺激的理解和反应，不同特性的消费者对同一种刺激会产生不同的理解和反应。第二部分是购买者的决策过程，具体包括确认需要、收集信息、比较挑选、决定购买、购后感受五个阶段。这会造成购买者的各种选择，并直接影响最后的结果。

3. 消费者购买行为的类型

消费者购买行为随其购买商品的复杂性和购买情况的不同以及购买者不同而

有所区别。因此，对消费者购买行为类型的研究，不可能逐个地具体分析，只能从不同的角度划分，概括性地分析其活动规律、行为特征和产生的原因。

（1）按对商品的认识程度分类

①深涉型。这类消费者对有关商品有较深入的了解，能通过感官对商品进行全面的辨别。购买过程中善于比较，挑选商品比较自信，并向售卖者提出“内行”有关的商品问题，并按照自己的意图购买商品。

②浅涉型。这类消费者在人群中占较大比重，对所购商品的知识只有一般的了解，或对商品的某些专业性知识略知一二。挑选商品往往不够全面，只能按自己所知内容进行比较、选择，期望售卖者提供更多的有关商品性能、使用维修、市场行情等方面的情况。

③无知型。这类消费者对某一具体商品缺乏知识，也缺乏购买和使用经验。购买过程中或不假思索地买下，或犹豫不决，常期望售卖者全面介绍商品。

（2）按消费方式分类

①随意型（ABCD），指消费者在众多品牌的消费品选择中没有固定的规律，随遇而买。其原因或是生活经验不足，或是消费意识不强。

②交转型（ABAB），指消费者交替使用品牌为A和B的消费品，反复交替进行。其原因是A牌商品和B牌商品可以互相替代，在客观上A牌商品不能保证随时买到。

③间歇型（AA AA），指消费者使用一段时间的A牌商品，中断一定时期后，又重新恢复使用A牌商品。其原因是遇存某种特殊情况，如节假日购买并消费档次高一些的商品。

④连续型（AAAA），指消费者连续不断地购买并使用A牌的消费品，在较长时期内坚持不变。其原因主要是消费者对某种品牌消费品的偏好。在偏好的背后是出于对消费品价格、包装、性能、质量等多方面的综合考虑。

（3）按购买目标选定程度分类

①全确定型。这类消费者购买目标明确，进店前已对欲购商品的市场行情、性能有一定了解，进店后能够有目的地选择商品，主动提出欲购商品的牌号、规格、样式、价格等方面要求，对符合要求的商品毫不迟疑、立即购买。

②半确定型。这类消费者有大致的购买目标，但缺乏明确具体的要求。在售货现场要经过一定的比较选择后才能完成购买行为。与售卖者的信息交流中不能提出具体要求，注意力分散，指向极易在商品之间转换，决策依现场情景而定。

③不明确型。这类消费者没有明确的购买目标，进店后无目的地浏览挑选商

品。对商品的需要处于“潜意识”状态，对商品的要求朦胧不清，遇到引起兴趣与合适的商品也会购买。

（4）按选购商品速度分类

①急速型。这类消费者气质外向，心急口快，选购商品言谈举止干脆利落，见到合意商品便快速买下，缺少反复的比较挑选。若遇等购时间较长，则会烦躁地离去。

②随机搜。这类消费者性情机敏而温和，有主见又善于听取别人意见，购买行为灵活机动，顾客少、营业员闲时就仔细挑选，直到满意而止；顾客多时见机行事，动作快，少挑选，很善于根据购买现场调节自己的行为。

③缓慢型。这类消费者性格内向、优柔寡断。购买过程中小心谨慎，动作缓慢，对广告宣传、营业员介绍、相关群体介绍推荐将信将疑，对不十分认可的商品从不仓促地做出购买决定，常因犹豫不决而放弃购买。

（5）按购买现场情感反应强度分类

①沉静型。这类消费者的购买过程平静、灵活性低、反应迟缓、沉默寡言。购买过程中情感不外露，态度持重，不善于与营业员或其他消费者交际，遇有过于热情或言语不当的营业员，容易产生反感。

②活泼型。这类消费者的购买过程平衡、灵活性高、热情开朗、擅长交际。购买过程中，主动与营业员或其他消费者攀谈，介绍自己的消费经验，喜欢从别人那里了解商品用途等，有时兴奋起来，谈话滔滔不绝，忘掉选购商品。

③温顺型。这类消费者具有多血质和黏液质的某些气质特征，对外界刺激的反应不外露，内心体验持久。购买过程中其注重服务态度，对营业员的接待有信任感，很少亲自重复检查所购商品的质量，做出购买决策较快。

④逆反型。这类消费者经常进行“逆情思维”，情绪高度敏感，善于体察外界环境的细微变化。购买过程中，其对营业员的介绍抱警觉态度，不予信任，其信条是“买的不如卖的精”；对其他消费者的意见亦采取拒绝态度。

⑤冲动型。这类消费者情绪变化迅速而强烈，购买态度在感情支配下，短时间内可能出现剧烈变化。购买过程中，其容易被周围环境所感染，购买决策草率，往往买下自己不需要或不适用的商品，购后常发生退货和换货现象。

（6）按购买者的购买涉入程度和品牌差异分类

①习惯性购买行为。对于价格低廉、经常购买、品牌差异小的产品，消费者不需要花时间选择，也不会刻意收集信息、评价产品特点等，因而其购买行为最简单。消费者只是被动地接受信息，出于熟悉而购买，也很少进行购后评价。这类产品的厂商可以用价格优惠、电视广告、独特包装、销售促进等方式鼓励消费

者试用、购买和续购其产品，从而使产品卖得更好。

②寻求多样化购买行为。有些产品品牌差异明显，但消费者并不愿花时间来选择和估价，而是不断变换所购产品的品牌。这样做并不是因为对产品不满意，而是为了寻求多样化。针对这种购买行为类型，厂商可采取促销和占据有利货架位置等办法，保障供应，鼓励消费者购买，从而使产品卖得更好。

③化解不协调购买行为。有些产品品牌差异不大，消费者不经常购买，而购买时又有一定的风险，所以，消费者一般会货比三家，只要价格公道、购买方便、机会合适，消费者就会决定购买。购买以后，消费者也许会感到有些不协调或不够满意，在使用过程中，会了解更多情况，并寻求种种理由来减轻、化解这种不协调，以证明自己的购买决定是正确的。经过不协调到协调的过程，消费者会有一系列的心理变化。针对这种购买行为，厂商应注意运用价格战略和人员推销战略，选择最佳销售地点，并向消费者提供有关产品的信息，使其在购买后相信自己做了正确的决定，从而使产品卖得更好。

④复杂购买行为。当消费者购买一件贵重的、不常买的、有风险的而且又非常有意义的产品时，由于产品品牌差异大，消费者对产品缺乏了解，因而需要有一个学习过程，广泛了解产品性能、特点，从而对产品产生某种看法，最后决定是否购买。对于这种复杂购买行为，厂商应采取有效措施帮助消费者了解产品性能及其重要性，并介绍产品优势及其给购买者带来的利益，从而影响购买者的最终选择，使产品卖得更好。

4. 影响消费者购买行为的因素

消费者的购买行为取决于他们的需要和欲望，而人们的需要和欲望以及消费习惯和行为，是在多种因素的影响下形成的。这些因素主要包括消费者个人的内在因素，如消费者个人特征和心理因素；也包括其外在因素，如文化因素、社会因素等。这些因素大多数是营销人员无法控制，但又必须要加以考虑的影响因素。

（1）个人特征

个人的某些特征当然会对购买行为产生影响，特别是购买者的年龄、经济能力、职业、生活方式和个性，这些特征值得企业加以重视。

1）年龄

年龄对购买行为的影响是很明显的。因为不同年龄的消费者对于商品有不同的需要和爱好，人们对衣、食、住、行各方面的消费需求，也会随着年龄的变化而变化。为了帮助营销人员了解消费者在成长过程中的行为变化，营销学者从家庭生命周期的角度，将人们的成长历程大致分为七个阶段：单身阶段，年轻且不住在家里的单身人士；新婚阶段，年轻且无子女；满巢阶段一，最幼的子女在六岁以下；满巢阶段二，最幼的子女在六岁以上；满巢阶段三，年长的夫妇和尚未独立的子女同住；空巢阶段，夫妇已年老，子女不在身边；孤独阶段，单身老人，独居。根据这种区分方式，我们可以了解每个阶段都有其特定的要求和兴趣，如新婚夫妇购买数最大且成套化；满巢阶段一需要婴儿食品、娃娃车等；空巢阶段则需要医疗保健用品等。由此可知，随着年龄的增长和家庭生命周期的更替，人们的购买行为也会有所不同。

2）经济能力

经济能力对购买行为的影响更直接，可以说是直接影响购买行为最重要的因素之一，其中包括个人可支配的收入、储蓄与资产、负债、借款能力以及对储蓄和消费的看法等。正因为个人的经济能力对购买行为具有极大影响，因此生产经营那些收入弹性比较大的产品的企业，应该经常注意消费者个人收入、储蓄及存款利率的变化。经济衰退时，企业就应采取适当的步骤对产品重新设计，重新定价，减少生产和存货，或重新决定目标市场，采取其他相应的措施来吸引目标顾客，以维持或提高自己产品的销售量。

3）职业

不同的职业决定着人们的不同需求和兴趣。例如，教师和工人的需求有很大的不同，工人需要从事体力劳动的服装、午饭盒等商品，而教师一般都需要图书、报纸杂志等文化用品。因此，市场营销人员有必要调查和识别那些对其产品和服务感兴趣的职业群体，从中选择产销或专门提供某一特定职业群体所需要的产品和服务。

4）生活方式

近年来，生活方式对消费行为的影响越来越受到营销人员的重视。所谓生活方式，就是指人们在社会中集中表现其活动、兴趣和看法的生活模式。人们的生活方式勾画了人与环境相互作用后形成的全部性格。有些人虽然处于同一社会阶层，来自同一文化群体，具有相似个性，但由于生活方式不同，他们的活动、兴趣和看法就不同。了解目标顾客的生活方式，对营销人员是很有意义的。每个企业在对某一产品制定营销策略时，营销人员要研究他们的产品和品牌与具有不同生活方式的各群体之间的相互关系，并做出相应的决策，努力使本企业的产品适应各种不同生活方式的消费者的需要。

5）个性

每个人都具有其独特的个性，并影响其购买行为。所谓个性，是指一个人所持有的心理特征。它影响一个人对其所处环境的相对一致并持久的反应。我们可以用一些人格特征来描述人们的个性，如外向或内向、冲动或理性、积极主动或消极被动、富于创造力或因循守旧等。

（2）心理因素

在心理因素方面，可以从动机、知觉、信念与态度四个角度来讨论。

1）动机

动机是指人们为了满足某种需要而产生某种活动的压力。人类的一切活动，包括消费者的购买行为，都是为了满足人们的某种需要。人类的需要可以分为生理需要和心理需要两类。人类的需要，有些是人的生命活动所必需的，因为这些需要是由生理状态紧张所引起的，如食欲、性欲等，这属于生理需要；有些是心理的，因为这些需要是由心理状态紧张引起的，如尊重、归属感等，这属于心理需要。但是，大多数需要，并不一定能引起人们采取行动。需要只有在达到足够的强度时才能发展成为动机。所以，动机是种"刺激的需要"，它足以迫使人们采取行动去满足需要。一旦需要被满足，人的心理或生理的紧张状态就会消除，从而恢复到平衡状态。

西方心理学者曾提出一些不同的人类动机理论，其中最流行的有三种：弗洛伊德理论、马斯洛理论和赫茨伯格理论。这些理论对消费者行为分析和市场营销的策略有一定的参考价值。受篇幅限制，这里仅介绍马斯洛的"需要层次"理论。

马斯洛按需要的重要程度排列，把人类的需要分为五个层次：生理的需要、安全的需要、社会的需要、尊重的需要和自我实现的需要。

①生理的需要，包括饥饿、渴等衣、食、住、行方面的需求，这是人类最基本的需求，也是人类最重要的需要。在这类需求没有得到一定满足时，人们一般不会产生更高的需求，或者不认为还有什么需求比这类需求更高、更重要。

②安全的需要，即与人们为免遭肉体和心理损害有关的需要，最主要是为保障人身安全和生活稳定。其表现形式为保护人身不受损害、医疗保健、卫生、保险以及防备年老、失业等需要。

③社会的需要，即有所归属和爱的需要，包括感情、亲昵、合群、爱人和被人爱等需求。希望被别人或相关群体承认或接纳，能给予别人和接受别人的爱和友谊等需要。

④尊重的需要，即自尊和被别人尊重的需要，具体包括威望、成就、自尊、身份名誉、地位和权力等需要。这些具体不同的需求，同样也会从不同的侧面影响人们的行为。例如，威望这种需求，既可鼓舞人们去好好完成有益的事业，也可导致人们破坏性的、反社会利益的行为。

⑤自我实现的需要。这是最高层的需要，它是指希望充分发挥个人的能力及获得成就的需要。人们一般都会有这样的经验，当一个人完成一件工作或一项目标时，都会感到一种内心的愉悦。

马斯洛的“需要层次”理论的出发点在于人类具有需要和欲望，随时有待满足；人的需要从低级到高级有不同层次，只有当低一级的需要得到基本满足时，才会产生高一级的需要。一般来说，需要强度的大小与需要层次的高低成反比，即需要的层次越低，其强度越大。马斯洛的“需要层次”理论有助于企业设计市场营销组合，有助于企业进行有效的市场营销决策。

2）知觉

知觉是指通过感觉器官，人脑对外界刺激物的反应。人们的需要受到激励并形成动机，随时准备行动，但具体如何行动则取决于他对情境的知觉如何。两个处于同样情境的人，由于对情境的知觉不同，可能导致不同的行为。产生这种现象的原因是知觉不但取决于刺激物的特征，而且取决于刺激物与周围环境和个人的关系。具体来说，人们对于同一情境产生不同的知觉是由于知觉过程是一个经历选择性注意、选择性曲解和选择性记忆的有选择性的心理过程。

选择性注意是指人们只注意那些与自己主观需要有关联的事物。人们每天接触的信息数以万计，这些信息不可能都被注意。人们将有选择性地注意哪些刺激物呢？有三种情况较能引起人们的注意：一是与目前需要有关的；二是预期出现的；三是变化幅度大于一般的、较为特殊的刺激物，如降价 50% 比降价 5% 的广告更容易引起人们较大的注意。因此，在激烈的市场竞争中，营销者要开动脑筋，千方百计安排容易引起消费者注意的信息。

选择性曲解是指人们面对客观事物，不一定都能正确认识，如实反映，往往是按照自己的偏见或先入之见来曲解客观事物，即人们存在一种把外界输入的信息与头脑中早已存在的模式相结合的倾向。这种按个人意愿曲解信息的倾向，叫作选择性曲解。如顾客购买彩电，由于对某一品牌产生偏好，该品牌在其心目中早已树起信誉，在购买时，尽管另一品牌优于前者，消费者也不会轻易认可，还可能认为原产品更优质。

选择性记忆是指人们对所了解到的信息不可能全部记住，而是主要记住那些符合自己信念和态度的信息。由于存在选择性记忆，消费者往往会记住自己喜爱品牌的优点，而忘记了其他竞争品牌的优点。

3）信念

信念是指人们对事物所持有的描绘性思想。人们对商品的信念来自其知识、看法和信仰，它们可能带有或不带有某种感情因素。人们的行为在一定程度上受到信念的影响。企业要注意人们对其产品和服务所持有的信念，因为信念对企业树立产品和品牌的形象也至关重要。

4）态度

态度是指人们对事物所持有的认识、情感和行为倾向性。认识在态度中具有重要的地位，因为人们所持有的信念会影响态度的改变。情感主要包括有关人们对事物所持的情绪方面的内容，如对事物的喜恶、亲疏、爱憎等心理。行为倾向性主要涉及人们对事物采取某种行为的意向。一般来说，态度和行为是直接相关的，态度能使人们对相似的事物产生相当一致的行为。当一个人根据过去的体验或其他信息，已对某些产品、某些服务公司形成了肯定或否定的态度时，购买决策过程可大大加快。由于态度是比较难以改变的，企业应尽量使自己的产品适应消费者现有的态度，而不要强迫消费者改变态度。

（3）文化因素

文化是影响人们需求与购买行为的最重要因素。人们的行为大部分是经后天学习而形成的，人们在一定的文化环境中成长，自然形成了一定的观念和习惯。文化因素主要包括亚文化和社会阶层两方面的内容。

1）亚文化

任何文化都包含着一些较小的亚文化群，它们以特定的认同感和社会影响力将各成员联系在一起，使这一群体持有特定的价值观念、生活格调与行为方式。这种亚文化群分为以下四种类型。

①民族群体。世界上许多国家，除了具有相对统一的某种文化类型外，都还存在着许多以民族传统为基础的亚文化。比如，美国有爱尔兰裔、波兰裔、意大利裔和波多黎各裔美国人等。这些人在食品、服饰、家具和文娱要求方面，仍然表现出许多传统的民族情趣和喜好。

②宗教群体。世界上许多国家，往往存在着许多不同的宗教。不同的宗教群表现出与其特有的信仰、偏好和禁忌相联系的亚文化，因而在购买行为和购买种类上表现出许多特征。

③种族群体。比如，白种人、黑种人、黄种人等有不同的文化风格和态度。

④地理区域群体。例如，我国华东、华北、华南、华中、东北等地区的人们有不同的风俗习惯、生活方式、口味偏好、爱好等，这些都会影响各地区消费者的购买决策、购买行为。

2）社会阶层

差不多每一类型的社会中都有各种不同的社会阶层。这些社会阶层具有相对的同质性和持久性。每一阶层的成员都具有类似的兴趣、价值观和行为方式。具体来说，他们的特征有：同一阶层的成员，行为大致相似；人们依据他们所处的社会阶层，来判断他们社会地位的高低；人们处于某一社会阶层不单由某一变量决定，而是由他们的职业、收入、财富、受教育情况、价值观等变量综合决策；个人能够改变自己的社会阶层，既可以晋升到更高阶层，也可能下降到较低的阶层。

不同社会阶层的人，由于经济状况、价值观念、生活方式、消费特征和兴趣爱好各有不同，因而在购买行为和购买种类上都具有明显的差异性。在诸如服装、家具、娱乐活动和耐用消费品等领域，各社会阶层显示出不同的产品偏好和品牌偏好。因此，社会阶层也是影响消费者购买决策、购买行为的一个重要因素。

（4）社会因素

消费者行为不但受广泛的文化因素的影响，也受社会因素的影响。社会因素是指消费者周围的人对他所产生的影响，其中以受到相关群体、家庭、社会角色和地位的影响最为重要。

1）相关群体

所谓相关群体，就是能直接或间接影响人们态度、行为和价值观的群体。凡直接对人们产生影响的群体均被称为认同群体，即人们所属并且相互影响的群体。认同群体又有主要群体和次要群体之分，主要群体指那些密切的、经常互相影响的群体，如家庭、朋友、邻居、同事等；次要群体则是人们相互影响较小的群体，如宗教组织、专业性协会等。此外，人们也受非所属群体的间接影响。首先要受所谓崇拜性群体的影响，这些群体是个人向往和有志于跻身其中的群体。例如，一些年轻运动员和演员，往往希望有一天能与某些体坛名将和著名歌唱家同场或同时参赛表演，虽然他们与这些名宿从未面对面接触过，但却对其无比神往，在行为、衣饰、嗜好上都向这些群体看齐。

另外，人们也受隔离群体的间接影响。所谓隔离群体，就是其价值观念和行为被人们拒绝的群体。例如，年轻人可能会力图避免与声名狼藉的球队或乐团有任何关联，更耻于与他们为伍。因此，每一个市场营销人员，都必须准确辨认出自己目标市场的相关群体，这样才有利于做出科学的决策。

人们受相关群体的影响方式，至少可分为三种：第一，相关群体使人们受到新的行为和生活方式的影响；第二，相关群体也会影响人们的自我观念，因为人们一般都想顺应群体的风尚和潮流；第三，相关群体能产生压力，并影响人们的产品选择和品牌选择。

总之，企业营销人员必须利用各种相关群体的影响作用，通过各种方式有效地推销自己的产品。对受到相关群体影响比较大的产品和品牌的生产企业来说，重要的工作便是如何找出该群体的“意见领袖”，过去销售者都认为“意见领袖”主要是当地社会的领袖，人们都会为讨好他而加以模仿。其实“意见领袖”分散于社会各阶层，而且因物而异，某一个人在某一特定产品上可能是“意见领袖”，但在其他产品上，却可能是意见的追随者。市场营销人员在找出各相关群体的“意见领袖”后，应进一步观察他们的某些个人特征，调查他们所阅读的大众传播媒体，以便选择能为这些“意见领袖”所接受的市场信息与媒体，从而更有效地推广自己的产品。

2）家庭

购买者的家庭成员对购买者的行为影响很大。一般人在整个人生历程中所受的家庭影响，基本上来自两方面。一是来自自己的父母，每个人都会受双亲直接教导或潜移默化获得许多心智倾向和知识，如宗教、政治、经济以及个人的抱负、爱憎、价值观等。二是来自自己的配偶和子女。这类构成的家庭组织，是社会上最重要的消费者购买单位，营销人员对此已进行了广泛的研究。他们侧重分析家庭不同成员，如丈夫、妻子、子女在许多商品购买中所起的作用和影响。

一般说来，夫妻购买的参与程度随着产品的不同而不同。家庭主妇通常采购家庭的生活用品，特别是食物、服装和日用杂物。但是随着妇女就业率的增加，男子开始更多地参与家务劳动，这种妻子支配家务型的观念正在改变。所以，如果日用品的市场营销人员仍然认为妇女是其产品唯一或主要的购买者，那么在市场营销决策中会造成很大的失误。

当然在家庭的购买决策中，并不总是由丈夫或妻子单方做出的。实际上对有些价值昂贵或是不常购买的产品，往往由夫妻双方共同做出购买决定。不过这里仍有一个到底夫妻哪一方对购买决定存较大影响力的问题。可能是丈夫支配，也可能是妻子支配，或是夫妻双方共同支配。

3）社会角色和地位

角色是指一个人在不同场合中的身份。每个人一生中都会参与许多群体，如家庭、社会、各种组织机构等。一个人在不同群体中的位置可用角色和地位来确定。例如，一位能诗会画的女经理，在她父母亲眼中，她的角色是女儿；在她的丈夫眼里，她的角色是妻子；在她的公司里，她的角色是经理；在她兼任工作的社会里，她的角色是艺术家。一种角色包含着一组由自己及周围的人所期望的行为活动。一个人在各种群体中的各种角色，都会影响其购买行为，而每一种角色又都伴随着一种地位，反映社会对他的总评价。例如，一个公司的董事长，这个角色的地位就比一个企业的部门经理角色地位高，而部门经理的角色地位比一般职员地位高。事实上，人们在购买商品时往往根据自己在社会中所处的角色和地位来考虑，选择符合自己或代表自己身份和地位的商品作为标志，因此，市场营销人员必须认识到产品成为地位标志的可能性，以便采取相应的市场营销策略打入新市场，或提高原有市场的占有率。但地位标志产品不会随着社会阶层和地理区域而变化，一个敏锐的市场营销人员还必须善于识别这种差异。

5. 消费者购买行为决策过程

消费者购买行为决策过程是程序过程和心理过程的统一。消费者购买行为的程序过程是消费者外在购买行为的表现。购买行为的心理过程是消费者内在的行为推动，两者共同体现在购买行为决策过程中。

（1）消费者购买行为的程序过程

消费者购买行为的程序过程是指消费者购买行为中言行举止发展的事务顺序。它包括确定需要阶段、寻找信息阶段、比较挑选阶段、决定购买阶段和购后感受阶段。

1）确定需要阶段

确定需要是消费者购买过程的起点，当消费者感觉到一种需要并准备购买某种商品以满足这种需要时，购买决策过程就开始了。这种需要可能是由内在的刺激因素引起的，如看到别人穿的时装、戴的首饰很好看，于是自己也想买一套，市场营销人员在研究消费者购买过程第一阶段时，要注意必须了解那些与本企业产品有关联的实际和潜在的驱策力；消费者对某种产品的需要强度会随着时间的推移而变动，并且被一些诱因所触发。因此，营销人员需要去识别引起消费者某种需要和兴趣的环境，以找出消费者会产生的需要类型或问题，这些需要或问题是怎样造成的，以及它们是如何引导到特定产品的。营销人员要善于根据这些规律和特点采取相应措施，唤起和强化消费者的需要，并转化为购买行动。

2）寻找信息阶段

消费者由于消费需求推动而产生购买动机之后，就进入了寻找信息阶段。这个阶段消费者要探寻解决的是“该买什么样的商品”和“在什么地方购买”这两个问题。消费者商品信息来源主要有三种途径。

①市场环境，包括各种媒体的广告、工业企业、商业企业、销售人员、商品目标、实物展览等提供的各种信息。

②相关群体，指消费者的家庭成员、亲朋好友、街坊邻居、同事等口头传播的有关商品信息。

③自身经验，指消费者自身通过实际消费使用、多年积累、查看联想、推理判断等方式所获得的有关商品的信息。

在这三个商品信息来源中，市场环境是信息的根本来源，其他来源都是从这里派生出来的。所以，企业要千方百计地充分利用各种媒体，通过各种渠道，运用一切手段，做好商品和企业的广告宣传，像磁铁石一样把消费者吸引过来。

3）比较挑选阶段

消费者在这个阶段要解决的问题，是“从众多品牌的商品中决定其一”。首先，全面了解商品，包括对商品的用途、花色、款式、价格、质量、商标、包装等属性的了解。其次，与同类商品比较，包括商品各种基本属性的比较。理智的消费者还能从社会、经济、心理等方面进行商品社会属性的比较。最后，从中选出购买对象，即最终认为某品牌的某个商品最符合自己的要求。比较挑选阶段对消费者是否购买有决定性意义。因此市场营销者在商品陈列、售货方式等方面要为消费者创造各种方便条件，使消费者能够顺利挑选最满意的商品。

4）决定购买阶段

消费者选出购买对象后，还没有最后采取购买行动，还要考虑多种约束条件，才能做出最终购买决定。这个阶段要解决“是否购买”和“怎样购买”这两个问题。做出购买决定的约束条件有：商品本身的特点，如品牌、质量、价格等；消费者的经济条件；消费者对购买对象的需求程度，如轻重缓急等。

购买决定一经做出，消费者随即会采取购买行为，最终实现对商品的购买。在这一阶段，商品经营企业对消费者的接待、服务工作十分重要。热情的接待和高质量的服务可以使交易过程变得和谐愉快，还能够提高企业的信誉和知名度。

5）购后感受阶段

消费者购买商品以后，通过对商品的消费使用，会对自己的选择决定是否明智进行检验和反省，并形成购后感受。消费者对已经发生的购买行为进行检验和反省的主要方面有：购买这种商品的经济合理性，如价格是否与预算相符；所购商品的消费适用性，如效能是否满足自身需要；所购商品的设计欠缺性，如对商品的某方面产生不满；购买中营业员服务的周到性。

购后感受阶段往往决定了消费者是否会重复购买或扩大购买。因此，企业的商品适销度、服务态度、服务质量，对于扩大经营、增加销售量十分重要。

（2）消费者购买行为的心理过程

消费者购买行为的心理过程是指消费者购买行为中心理活动的全部发展过程，是消费者不同的心理现象对客观现实的动态反映。这一过程与上述购买行为的程序过程平行发展，一般来说分为六个阶段：认识阶段、知识阶段、评定阶段、信任阶段、行动阶段和体验阶段。这六个变化阶段，可以被概括为三种心理过程：认识过程、情绪过程和意志过程。

1）认识过程

认识过程是消费者购买活动的先导，也是三种心理过程中最基本的。消费者对商品的认识过程，是从感性到理性、从感觉到思维的过程，这个过程主要通过人的感觉、知觉、记忆、联想等心理机能活动实现。与对其他事物的认识过程类似，消费者对商品的认识，也是由浅入深，由表及里发展的，一般有两个阶段。

①感性认识阶段。这个阶段的消费者通过感觉、知觉得到商品的直观形象，并通过记忆实现经验积累，实质是商品信息反馈的接受和储存。

②理性认识阶段。在这个阶段，消费者通过思维、联想、判断，获得对商品更为全面、本质的认识，而实际上这是对商品信息进行加工和再储存。

消费者经过认识过程，可确定行为导向。因此，市场营销者应根据消费者认识商品的心理规律，增加商品宣传信息量，通过有效的营销手段对消费者的感官进行刺激，发挥认识的功能，为消费者购买商品打下心理基础。

2）情绪过程

消费者对商品有了认识，不一定会立刻采取购买行动，还要受其情绪过程的影响。情绪过程是消费者心理活动的一种特殊反映形式，是指对客观现实是否符合自己的需要而产生的态度和内心体验。消费者对商品的情绪过程，大体可分为喜欢、激情、评估、选定四个阶段。

①喜欢阶段指消费者在认识基础上形成对商品的初步意向，最初形成的满意或不满意、喜欢或不喜欢的态度。

②激情阶段指消费者对商品由于喜欢而产生一时的强烈购买热情，但还没到要把商品买到手的程度，因为货架上还有许多同类商品供其选择。

③评估阶段指消费者在购买欲望推动下，对商品进行经济的、社会的、道德的、审美的价值评估，使其感情与理智趋于统一。

④选定阶段指消费者经过对商品的价值评估产生了对某种商品的信任和偏好，并对它采取行动，完成购买行为。

消费者经过情绪过程，也许会发生购买行动，也许会产生消极情绪，中止购买行动。因此，企业在市场营销中，要遵循消费者情绪过程规律，经营商品、服务项目、营业设施、店堂环境都要有利于激发消费者的购买热情，才能推动消费者购买活动的顺利发展。

3）意志过程

意志过程指消费者自觉地确定购买目标并支配其购买行为达到既定购买目的的心理过程。意志对消费者购买行为的程序过程起到发动、调节或制止的作用。消费者对商品的意志过程，有简单和复杂之分。简单的意志过程指确定购买目标后马上付诸行动，从决定购买到实现购买非常迅速。复杂的意志过程指有了购买目的后，在拟定购买计划与执行购买计划之间，还需经过一番意志斗争。消费者意志行动的心理过程一般可分为两个阶段。

①做出购买决定阶段。这一阶段主要是权衡购买动机、确定购买目的、选择购买方式和制订购买计划。

②实施购买决定阶段。这一阶段是采取实际行动，转化意志作为的阶段。消费者在此阶段的表现是根据既定的购买目的采取行动把主体意识转化为实现购买目的的实际行动。

消费者的意志心理过程，是保证消费者实践活动的心理功能，虽然这一过程主要依赖消费者自我克服困难、排除外部障碍，但市场营销者根据消费者的购买力投向，保证供给，适时适量地满足需求，也会对消费者产生影响。

第二节　产品设计的审美观念转变

设计中的文化含量相当重要，同样非常需要正确的审美观。现代社会，人们对商品的要求不仅在于满足其使用需要，更希望在商品及其包装上获得美的视觉感受。如果包装没有给人带来美的享受，那么此商品给顾客的第一印象就会大打折扣，这将直接影响到商品的销售。设计美学要超越商业化的功利目的，充分展现和弘扬文化内涵，使商品不媚俗。审美的应用，不应只是感官的愉悦，故弄玄虚，而应让消费者从商品内外中享受到高品质的精神内蕴。

现代产品设计的审美需要注意时间性的变化。所谓时间性，是指时代、年代、季节和特定的一段时间的广泛含义。人们的审美口味往往随着时间的变迁而有所变化，设计师不能不对这些十分敏感。时间的变化与审美的变化常有一定的相反特征，一个阶段流行的审美标准在下一阶段中走向反面，这种特征屡见不鲜。从时代的发展变化对审美的影响来看，这一点很重要。审美设计过去讲究均衡、和谐的格调，今天更倾向于力感、动感、强烈而富有变化的风格。现代设计中讲究破除规矩、平板的格式，讲究富有独创性的、生气勃勃的审美感已成为一种潮流。以往烦琐的风格已被现代设计中简洁、明快的格调取代，特别是一些时间性很强的商品，如冬季用品、节日用品、纪念用品、化妆用品等，对产品提出了更加具体的时间性要求，在形式处理上不能不具体对待。

现代产品设计的审美也要注意地方性的变化，注意不同地方不同的审美风格。比如，日本人不喜欢荷花，但在中国的民间艺术中有形形色色的荷花形象。我国常以黄色作为富贵的色彩，而伊斯兰地区却把黄色作为死亡之色；蓝色在埃及往往是被用来形容恶境的色彩等。这些都是一些不同地方的习惯。我国地域辽阔，东、西、南、北、中，城市与农村，沿海与内地，少数民族地区与汉族地区等，审美的感觉或多或少都存在着不同。比如，汉族一般用红色表示喜庆，黑、白用于丧事，藏族以白为尊贵的色彩等。因此，好的产品审美设计要适应不同地方消费者的选择与接受对象，就要进行适当的调查研究，特别是一些产品本身具有浓厚的地方特色，其设计就应该注意这种地方特色的表现。例如，苏杭的龙井茶、绍兴花雕酒、景德镇陶瓷，以及我国中草药、筷子、文房四宝，等等，在设计的审美形式处理上就更应充分体现地方风味和民族特色。

现代设计的审美应该与市场发生联系，在符合人体工学的基础上，尽量在审美方面引起消费者的注意，因为人的喜好厌恶对购买冲动起着极为重要的作用。消费者的注意力来自两个方面：首先是实用方面，即产品能否满足人们的各方面需求，为人们提供方便，这涉及产品的大小、多少、优劣等方面。同样的护肤霜，可以是大瓶装，也可以用小盒装，人们可以根据自己的习惯选择，当产品提供了方便时，自然会引起人们的兴趣。其次，消费者的注意力还直接来自对包装的造型、色彩、图案、材质的感觉。这是一种综合性的心理效应，与个人以及个人所处的环境有密切的关系，要求商品需要较高的审美情趣。比如，目前国内的白酒包装在设计上有一定的局限性，普遍在盒型上缺少创新，主要就是上翻盖、天地盖等有限的几种。一个产品在设计上的出新出巧能让所表达的产品属性一目了然，从而使消费者产生消费冲动。安徽井中集团酿酒有限责任公司生产的“店小二”酒，在盒型设计上颇下了一番工夫：外型设计成一个小酒铺，正面窗户开处，店小二热情吆喝跃然盒上，窗户上方“店小二”酒旗随风飘扬。酒瓶设计更是匠心独具：一个怀抱酒坛的店小二笑容可掬。品名与外型包装的和谐统一，使该产品因诙谐有趣的文化内涵以及优良的品质而倍受消费者青睐。

产品设计在新时代的背景下面临着新的课题，在重视包装美观的同时，无论销售包装，还是运输包装，都要避免在包装上做得过于繁复。直观地来讲就是在保护产品不发生破损的前提下尽可能节省包装材料的使用量。同时，所选用的包装材料、包装容器及结构一定要与内装物相匹配。如果一个价值并不高的产品选用了贵重的材料、复杂的结构来包装，即使设计得再漂亮，那也不能成为一个真正好的设计。另外，产品设计也一定要考虑人们的收入水平。中国目前的整体平均收入水平并不是太高，如果都搞成豪华包装，那显然不是所有的消费都能承受的。要承认中国目前已有不少有钱人，但大部分居民的收入还处于一般水平，而且也不能忘记，还有大约百分之六十的人生活在乡村，我们的产品设计师们在考虑设计的审美观念同时必须也要想到他们。

总之，一个真正优秀的产品设计，实际上就是运用时尚的审美表现手法让人们在舒适的使用过程中还能够充分感受到它所传达的文化信息。今天的产品设计对文化和审美都提出了更高的要求，探索文化与审美的内涵，找出文化与审美的碰撞点，形成自己的设计风格，这是产品设计的精髓所在。中国逐步成为世界上一个经济强国，经济的发展必定带动工业设计的快速发展。任何产品都离不开包装，包装与人们的生活密切相关，人们生活水平的提高肯定也会对包装提出更高的要求。希望有更多的中国产品设计师拓宽视野，取长补短，更好地将先进的包装意识与中国的文化融合到一起。

艺术设计除了实用功能外，还具有审美功能。艺术的审美功能是指艺术设计产品满足人的审美需要，给人带来美的享受的能力。在满足人的审美需要方面，艺术历来起着重要作用，艺术设计的产品也能发挥审美功能，它们以美的外形、结构和色彩向大众传播审美信息，满足、激起和发展人们的审美需要，并促使审美需要变成消费需要。人们需要新产品，不仅是为了这些产品的新属性，而且是为了满足审美需要。产品的外观主要包括形态、色彩、材质三个方面，如果一个产品有夺人眼球的外观，必然会吸引消费者去购买，每一个产品的外观可以有很多种，设计师的工作就是在综合各种因素的前提下，选择出符合消费者要求的外观方案，设计是连接品牌和消费者的一个关键部分，设计在令差别富有意义和被商业及创新认识、认可上，也是一种关键驱动力。日本设计师原研哉在《设计中的设计》一书中强调，如果我们周围的产品精心而美妙，那么人们的审美趣味将往正数上提升，如果我们周围的产品烂糟糟的，那么人们的审美趣味就会往负数上走。如果用这样的标准来审视我们的消费市场，就不难理解，为什么一些好的设计总显得过于小众。

一、消费者审美需求的文化特性

消费者对产品的外观是有双重要求的，一种是精神上的，一种是物质上的。产品本身有三种功能，即实用功能、审美功能和象征功能。产品的外观应是这三种功能的协调和综合。人们购买金银首饰，主要目的是起装饰作用，漂亮的首饰也反映了人的审美品位，而贵重的首饰则是身份和地位的象征，如世界上最大的一颗钻石就镶嵌在英国女王的皇冠上。

二、产品外观的情感设计

刘勰的《文心雕龙·诠赋》中提出“情以物兴”“物以情观”，就是要工业设计师们以“物我交感”“心物应合”双向生成的设计理念，将自然形态转化为富有生命力和情趣的设计形式，从而创造出有生命力的作品。如果一个产品的外观能够唤起消费者的美好情感，能够体现人与人之间的真挚感情，就可以使消费者对产品产生美感。俄国著名的作家托尔斯泰也曾表达了对艺术的看法，他把艺术看作人与人相互交际的手段之一，他写道："在自己心里唤起曾经一度体验过的感情，在唤起这种感情之后，用动作、线条、色彩、音响和语言所表达的形象来传达出这种感情，使别人也体验到这同样的感情，这就是艺术活动。艺术是这样的一项人类活动：一个人用某些外在的符号有意识地把自己体验过的感情传达给别人，而别人为这些感情所感染，也体验到这些感情。"产品的情感主要是能带给消费者新奇感、独立感、安全感、感性、信心和力量感。图 3–3 所示的铅笔筒小动物的造型，使该产品富有生命力和情感，能博得小学生的喜爱。图 3–4 所示的存钱罐被设计成了一个卡通的小鱼，别致而富有活力，也同样能让孩子们爱不释手。

图 3–3　铅笔筒

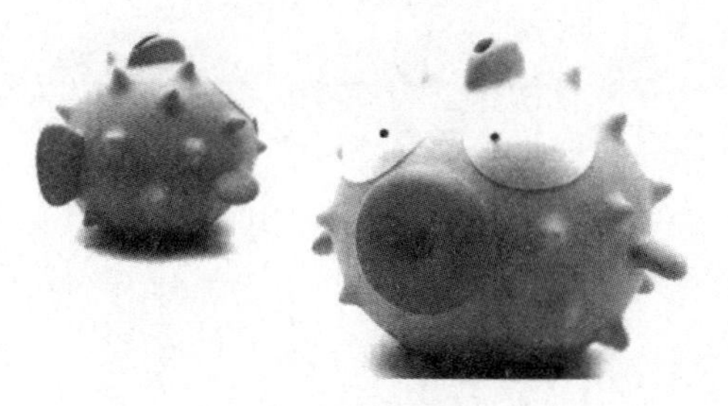

图 3–4　存钱罐

三、消费者审美心理的发展趋势

消费者的审美过程是产品的客体通过消费者的感觉器官，包括视觉、听觉、触觉、嗅觉、味觉等，接收到产品的各种信息，然后对产品产生审美体验，从而获得审美享受。当然人们对产品的外观审美主要是通过视觉和触觉来获得。

消费者的审美心理是丰富多彩的，审美心理包含着许多因素，如文化、地域、经济、年龄、性别等因素，它本身就是一个多元化的系统，会随着时代的变化而变化。唯一不变的是人类对美的不懈追求。消费者的审美要求也是多层次、多样化的。消费者审美心理既有个性，又有共性。

（一）审美趣味体现时代精神

在科学技术迅猛发展的今天，技术含量较高的外观设计总是会受欢迎的。随着经济全球化的浪潮逐步掀起，设计的全球化趋势也日益明显，东西方文化在不断交流中互相影响、互相渗透，人们的审美趣味也有一些相似的东西。

（二）消费者的审美标准具有多样性

从人类诞生起，美就以最切近又最神秘的方式伴随着人类的精神世界。古希腊毕达哥拉斯学派认为“美就是和谐”，而黑格尔认为“美是理念的感性显现”。生活中存在着许多美的东西，车尔尼雪夫斯基就认为“美是生活”。他说道：“任何事物，凡是我们在那里面看得见依照我们的理解应当如此的生活，那就是美的；任何东西，凡是显示出生活或使我们想起生活的，那就是美的。”设计师不仅要发现美，还要创造美，要深入生活实际，了解人们的生活方式、风俗习惯。设计的产品要贴近生活才能产生美感。

四、产品的外观设计与消费者的审美文化

为了使产品迅速变成商品，设计师也越来越关心大众的审美需要和审美趣味。设计师首先要了解消费者的审美需求，才能设计出符合消费者审美的产品。

（一）个性与共性

设计师要处理好审美心理的个性与共性，在拥有一定共性的前提下，努力创造个性，满足消费者个性化的要求。关注人，是设计师的兴趣所在。要想让人们拥有好的、可靠的和能够带来幸福的东西，这些东西应实用、功能性好、令人愉悦、有吸引力、富有魅力、充满娱乐性。服装设计师对个性与共性最敏感，总是千方百计地设计出与众不同的服装款式，而一些服装生产厂家总是模仿和抄袭最新的款式，实际上，一款服装并不适合所有人，因穿着者的身材、气质、年龄、种族有所不同，每个人应穿出自己的个性。例如，中国妇女穿着旗袍能充分展现东方女性秀丽、端庄的魅力；西方的男子穿着西装则能使他们显得英俊、潇洒。

（二）继承与创新

有些名牌产品，它们的外观带有品牌的突出特征，如英国的劳斯莱斯作为顶级汽车之一，是上流社会身份与地位的象征，融入其中的技术含量随着时代、技术的进步而不断更新、完善，但汽车的整体造型风格与设计理念却得到了倍加用心的保留，汽车的前水箱冷却罩的方正、大气、冷峻、秩序感十足的造型及上方的小天使形象一直保留到今天，这形成的便是人们认同的劳斯莱斯的印象。保持

原有造型风格，商家通过其品牌效应，保证良好的经济效益，深一层便是商家善于利用大众对于品牌形象的认知心理。当然只有继承没有创新也是不行的，人在潜意识里都有喜新厌旧的心理，即使一个产品的外观很好，如果长时间一成不变，也会引起人们的审美疲劳。一般的审美心理过程都是欣赏—平淡—厌倦。比如，各个手机的生产厂家都不断推出新款的手机，造型、色彩和材质都不断变化，以满足消费者求新的要求。找寻新的造型、充分利用材料和其转化的过程、跟随人类行为的潮流，能引领设计师超越平常生活，看得更远。

（三）产品的品牌文化

设计师并不只是被动地去迎合消费者的审美趣味，而是可以通过创立品牌形象，提高大众的审美品位。优良的产品，同时也是艺术品，消费者在使用商品的同时，也可以得到艺术享受。图 3–5、图 3–6 所示是绝对伏特加的酒瓶，图 3–7 所示是酒鬼酒酒瓶及包装盒。这些酒瓶的外观新颖别致，能够吸引消费者购买，并能满足消费者的审美需求。其中，酒鬼酒的包装将经典的书法艺术用在包装盒上，富有中国传统的文化特色。

图 3–5　绝对伏特加酒瓶

图 3–6　绝对伏特加系列酒瓶

图 3–7　酒鬼酒包装

产品的外观设计应满足消费者的审美要求。设计师只有深入生活，细致地了解人们的生活方式、审美趣味，才能设计出能带给人艺术享受的产品。产品的外观只有不断创新，体现时代精神，引领时尚潮流，才可能被消费者认可，最终使消费者从审美上感到“物宜我情”（符合消费者审美心理），从感知上感到“物宜我知”（符合消费者的知觉心理），从认知上感到“物宜我思”（符合消费者的认知心理），从操作上感到“物宜我用”（符合消费者的操作动作特性），这样才能实现“物我合一”的设计目的。

第三节　产品设计的多重文化表现

现代产品设计不断受到各种社会文化现象和观念的冲击，使传统意识和原有社会功能增添了新的文化内涵，而现代物质和精神文明的发展也使得现代设计文化日趋多元化．这给中国产品设计创新形象带来了新的发展契机，包装新形象的文化维度也日趋多元化。追忆民族传统文化情结，重视品牌文化的魅力，关注绿色设计文化是中国产品设计创新形象应该具有的文化维度。

一、产品设计中的文化含义

文化是人类生活的反映、活动的记录、历史的积淀，是人们对生活的需要和要求、理想和愿望，是人们的高级精神生活，是人的精神得以承托的框架。文化包含了一定的思想和理论，是人们对伦理、道德和秩序的认定与遵循，是人们生活生存的方式方法与准则。任何一种文化都包含一种思想和理论，生存的方式和方法。

1871 年，英国文化学家泰勒在《原始文化》一书中提出了狭义文化的早期经典定义：文化是包括知识、信仰、艺术、道德、法律、习俗和任何人作为一名社会成员而获得的能力和习惯在内的复杂整体。

广义的文化包括四个层次。一是物态文化层，由物化的知识力重构成，是人的物质生产活动及其产品的总和，是可感知的、具有物质实体的文化事物。二是制度文化层，由人类在社会实践中建立的各种社会规范构成，包括社会经济制度婚姻制度、家族制度、政治法律制度、宗教社团、艺术组织等。三是行为文化层，以民风民俗形态出现，见于日常起居动作之中，具有鲜明的民族、地域特色。四是心态文化层，由人类社会实践和意识活动中经过长期孕育而形成的价值观念、审美情趣、思维方式等构成，是文化的核心部分。

文化就是人们关注、探讨感兴趣事物的现象和氛围。文化是人类群体创造并共同享有的物质实体、价值观念、意义体系和行为方式，是人类群体的整个生活状态。政化（不同时期的执政者倡导的文化）是文化和先导，有什么样的政化，就有什么样的文化。

上述定义揭示了几个方面的内容。

①文化是人类群体整个的生活方式和生活过程。文化的主要成分是符号、价值和意义、社会规范。符号是指能够传递事物信息的一种标志，它在生活中代表一定的信息或意义。文化的存在取决于人类创造、使用符号的能力。价值观是人们评判日常生活中的事物与行为的标准，决定着社会中人们共有的区分是非的判断力。社会规范是特定环境下的行动指南，它影响着人们的心理、思维方式和价值取向、行动。

②文化的内隐部分为价值观和意义系统，其外表形态为各种符号，这些符号主要体现为物质实体和行为方式。

③对整个人类来说，文化是人的创造物；对于特定时间和空间的人而言，文化则主要体现为既有的生存和发展框架。

④文化随着人类的群体的范围划分不同而体现出差异。

广义的文化是指人类创造出来的所有物质和精神财富的总和，其中既包括世界观、人生观、价值观等具有意识形态性质的部分，又包括自然科学和技术、语言和文字等非意识形态的部分。文化是人类社会特有的现象。文化是由人所创造，为人所特有的。有了人类社会才有文化，文化是人们社会实践的产物。

当代人类学家、文化学者张荣寰在 2008 年 3 月重新界定文化，阐明文化是人的人格及其生态的状况反映，为人类社会的观念形态、精神产品、生活方式的研究提供了完整而贴切的理论支持。

人类学的鼻祖泰勒是现代第一个界定文化的学者。他认为，文化是复杂的整体，它包括知识、信仰、艺术、道德、法律、风俗以及其他作为社会一分子所习得的任何才能与习惯，是人类为使自己适应其环境和改善其生活方式的努力的总成绩。

美国社会学家戴维·波普诺则从抽象的定义角度对文化做了如下的定义：文化是一个群体或社会共同具有的价值观和意义体系，它包括这些价值观和意义在物质形态上的具体化，人们通过观察和接受其他成员的教育从而学到其所在社会的文化。文化对于人类来说，就像本能对于动物一样，是行为的指南。

从古至今，人造物都是各个时代的文化载体，设计师的思想理念通过设计作品向人们传播。原始社会的设计品反映了在当时的自然条件下，人们是如何利用石器、木棍等工具生活和生产的。文化对于设计，在各个层次与结构上都有重大的影响，可以说，工业设计始终是在文化的约束与滋养下运动和发展的。产品的文化设计包含四大基本要素，即文化功能、文化情调、文化心理和文化精神。

（一）文化功能

文化功能是产品文化设计的核心要素和首选课题。产品文化设计的主要目的在于赋予产品一定的文化功能。产品的文化功能决定了产品的文化来源和文化形态。因此，不同的文化功能对产品文化设计的要求是不一样的。产品的设计要符合人机工程学条件，各种显示件要符合人体接受信息量的要求，使人感到作业安全、方便、舒适。为了达到这样的文化功能，就要对产品进行必要的文化设计，使产品的外部物件尺寸符合人体的尺寸要求，使产品与人的生理特征相协调。成功的产品应当集实用功能、审美功能和文化功能于一体。

（二）文化情调

作为最感性直观的要素，文化情调是文化设计的切入点。消费者购买产品，往往基于某种情调的考虑，因而产品在具有物质功能的同时，还要有一定的欣赏价值，有一定的文化情调，情调就是通过不同的物质材料和工艺手段所构成的点、线、面、体、空间、色彩等要素，构成对比、节奏、韵律等形式美，以及由此形式美所体现出的某种并不具体、但却实际存在的朦胧的情思，表现出产品特定的文化氛围。比如，使用蜡染或扎染面料来设计时装，富有浓郁的民族文化情调；使用彩陶纹饰、图腾纹饰、洞穴壁画图形来设计装饰，富有浓厚的原始文化情调；使用古色古香的陶杯、瓷瓶、铜爵、木盒、竹筒作为酒的包装物，则富有古代文化的情调。一些年轻人喜欢牛仔服、运动装、休闲装和带“洋味”的产品，其中一个重要原因就是为了追求那种时尚情调、异国情调和青春气息。

文化情调可以满足人们日益增长的情感需要。在现代社会，经济活动的高度市场化和高科技浪潮的迅猛发展，引起了人们生活方式的剧烈变化。快节奏、多变动、高竞争、高紧张度取代了平缓、稳定、悠哉游哉的工作方式；各种产品源源不断地涌入家庭，使人们越来越多地以机器作为交流对象。与全新的工作方式和生活方式相对应，人们的情感需要也日趋强烈。正如美国著名未来学家奈斯比特所说，每当一种新技术被引进社会，人类必然产生一种要加以平衡的反应，也就是说产生一种高情感，否则新技术就会遭到排斥。技术越高，情感反应也就越强烈。作为与高技术相抗衡的高情感需要，在消费领域中直接表现为消费者的感性消费趋向。消费者所看重的已不是产品的数量和质量，而是与自己关系的密切程度。他们购买商品是为了满足一种情感上的渴求或是追求某种特定商品与理想的自我概念的吻合。在感性消费需要的驱动下，消费者购买的商品并不是非买不可的生活必需品，而是一种能与其心理需求产生共鸣的感性商品。因此，所谓感性消费，实质上是人类高情感需要的体现，是现代消费者更加注重精神的愉悦、个性的实现和感情的满足等高层次需要的突出反映。

（三）文化心理

文化心理是指一定的人群在一定的历史条件下形成的共同的文化意识。例如，就色彩而言，幼儿喜爱红、黄两色（纯色），儿童喜欢红、蓝、绿、金色，年轻人喜欢红、绿、蓝、黑及复合色，中年人喜欢紫、茶、蓝、绿；男子喜爱坚实、强烈、热情之色，而女子喜爱柔和、文雅、抒情的色调。在法国，人们喜爱红、黄、蓝、粉红等色，忌墨绿色，因为它会使人想到纳粹军服。在日本，人们普遍喜欢淡雅的色调，茶色、紫色和蓝色较流行，特别是紫色，被妇女尊崇为高贵而有神秘感的色调。而在中国，城市居民喜爱素雅色和明快的灰色调，乡村和少数民族地区喜爱对比强烈的色调。对产品的设计要充分考虑人们的文化心理，使产品的形态、色彩、质感产生悦人的效果，而不能给人以陈旧、单调、乏味的感觉，更不能因违背习俗而招致忌讳。例如，冰箱的颜色多为白色和豆绿色，是因为白色意味着洁净、卫生，而绿色象征着生命，它们暗示着冰箱中的食品是可食的，对身体是有益的。红木大多数呈紫色，产于印度等热带地区，能保证家具不变形、不怕虫蛀，还能够保证家具的结构连接时的榫卯结构，不用钉子和胶水，从而使表面展现木材本色的质感，而不需要上油漆。

（四）文化精神

文化精神是一个民族或一个时代最内在、最本质和最具生命力的特征，同时也是最有表现力的特征。文化精神是产品文化的总纲，文化情调、文化功能和文化心理最终都归结和取决于文化精神。一方面，产品设计要体现民族文化精神。产品设计不能孤立地存在，必然受到民族传统和民族风格的影响。各民族独特的政治、经济、法律、宗教及其思维方式都可以通过产品表现出来。比如，德国的理性、日本的小巧、美国的豪华、法国的浪漫、英国的矜持与保守等，无不体现在他们的产品设计之中。另一方面，产品设计还要体现时代的文化精神。

二、艺术对产品设计的影响

在人类起源阶段，设计与艺术是分不开的。在人类社会的发展历史长河中，艺术对设计自始至终都产生着既深刻又广泛的影响。无论从两者的起源发展，还是创作手法以及今后的发展来看，艺术与设计总是相互促进、相互渗透的。艺术对设计的影响具体表现在以下几个方面。

（一）艺术与设计同时起源于社会生产实践

关于艺术的起源，古今中外有很多说法，比较有影响的是以下几种说法：模仿说、游戏说、巫术说、表现说、劳动说。

托尔斯泰说“艺术是表现情感的工具”，艺术的产生经历了一个由实用到审美、以巫术为中介、以劳动为前提的漫长历史发展过程。事实上，巫术在原始社会中同样是人类的一种实践活动。对于原始人来说，巫术具有特殊的实用性，他们甚至认为巫术的作用远远大于工具，拥有巨大的威力。这种原始社会中的巫术礼仪活动，同原始人采集、狩猎等生产活动和社会群体交往活动融合在一起，形成了渗透到物质领域和精神领域各个方面的原始文化。正是在这种原始文化的土壤艺术才得以产生和发展起来。艺术的起源很可能是多因的而并非单因的，尤其是各种形式的原始艺术的出现，更难以用单一的原因来囊括。但是，归根结底，艺术的产生和发展是由于人类的社会实践活动，艺术是人类文化发展历史进程中的必然产物，艺术的起源应当是原始社会中一个相当漫长的历史过程。

设计的产生与艺术的产生是很相似的，设计产生的主要目的是生存，原始人为了生存用石玦做工具、用兽皮做船筏、用木棍来驱赶野兽等，都是为了能在当时艰苦的环境下生存下来。归根结底，设计的产生和发展也是起源于人类的社会生产实践活动。比如，中国先秦时期将礼、乐、射、御、书、数称为六艺，依靠这六项基本的技艺，人们得以生存下来，设计也就包含在这些技艺中了。

（二）设计的艺术手法

设计师的设计过程与艺术家的艺术创作过程有许多相似的地方。艺术创作过程一般分为艺术体验活动、艺术构思活动和艺术传达活动三方面或三个阶段。与之类似，产品设计过程也包括生活体验活动、设计构思活动和设计传达活动。设计的艺术手法有借用、解构、装饰、参照、创造，同样采用了与艺术相同的创作手法。例如，香水瓶的设计就借用了戏剧的装饰手法，高跟鞋的设计就参照了服装的装饰手法来点缀鞋面。

（三）艺术风格、艺术流派、艺术思潮对设计的影响

1. 艺术风格

艺术风格就是艺术家的创作在总体上表现出来的独特的创作个性与鲜明的艺术特色。艺术风格具有多样性、时代性和民族特色。与之相似，设计风格是产品所表现出来的艺术特色和创造个性，它体现在产品的各个要素中。设计风格亦是一种文化存在，是设计语言、符号的使用与选择的结果。风格本身也是一种符号，是艺术形象的标志。设计风格也具有多样性、时代性和民族特色。比如，同样是椅子，明代的椅子显得雍容、大方，富有中国传统的文化气息，意大利设计师贾埃塔诺·贝谢设计的“百老汇”椅造型新颖、色彩鲜艳、质地别致，富有意大利的民族风情。

2. 艺术流派

艺术流派是指在中外艺术一定历史时期里，由一批思想倾向、美学主张、创作方法和表现风格方面相似或相近的艺术家们所形成的艺术派别。典型的艺术流派——波普艺术，源自 20 世纪 50 年代初期的英国，是 20 世纪英国艺术中充满生机和繁荣的一部分。“POP”是英文“Popular”的缩写，意为通俗性的、流行性的。至于“POP ART”，其所指的正是一种大众化的、便宜的、大量生产的、年轻的、趣味性的、商品化的、即时性的、片刻性的形态与精神的艺术风格。就词义而言，“波普”是大众的意思，也含有流行的意思，所以也有人将波普艺术直接翻译成流行艺术。早在 20 世纪 40 年代，照片就开始成为新的描述性绘画的部分基础。从那时起，一些年轻的艺术家也开始对将摄影用于绘画感兴趣，他们认为这样可以使艺术更贴切地涉及现实世界。从 1952 年开始，以伦敦的当代艺术学院为中心的“独立团体”开始讨论当代技术和通俗表现媒介的有关问题。这个团体包括画家理查德·汉密尔顿、雕塑家爱德华多·保罗齐、批评家劳伦斯·埃洛威、艺术史家和批评家彼得·雷纳尔·班哈姆等人。他们酝酿成立一个独立的艺术团体，这个团体迷恋新型的城市大众文化，而且特别为美国的表现形式所吸引。当时，美国经济因为“二战”得到飞速发展，在战后成为世界第一大强国，率先进入了丰裕的社会阶段。这对于战后物资匮乏的英国人来说，具有非常大的诱惑力，成为他们向往的生活方式。20 世纪 50 年代末期，享乐主义在西方资本主义大国已站稳了脚跟，新一代的艺术家们顺应时代风气，发起了放荡的、轻浮的、反叛正统的、以取乐为中心的艺术。针对当时在欧美已不可一世的抽象表现主义以及那些反美学精神，他们讨论如何更好地运用大众文化，目的是致力于对“大众文化”的关注。他们努力要把这种“大众文化”从娱乐消遣、商品意识的圈子中挖掘出

来，上升到美的范畴中去。在这一群青年画家中，有一位后来把自己艺术推向最大众化的拼贴艺术画家，他就是理查德·汉密尔顿。理查德·汉密尔顿展出了他的一幅拼贴壁画的照片《是什么使今天的家庭如此独特、如此具有魅力？》。他的这幅题目冗长的拼贴画是英国第一幅波普艺术作品，也是最典型的波普拼贴画。这件浓缩了现代消费者文化特征的作品格外引人注目，使波普艺术的特质得到更大程度的体现，其最显著的特征就是将目光投向日趋发达的商业流行文化，用极为通俗化的方式直接表现物质生活。这一作品表现了一个“现代”的室内，那里有许多语义双关的东西：“POP”这个词写在一个肌肉发达、正在做着健美动作的男人握着的棒棒糖形状的网球拍上，“POP”既是英文“lolliPOP”一词的词尾，又可以被看作是“popular”一词的缩写；沙发上坐着一个裸体女子，裸体男子的健美体格与裸体女子的性感肉体，也正是西方现代文化的潮流事物；房间采用了大量的潮流物品来装潢，如电视、卡带式录音机、连环画图书上的一个放大的封面，等等；透过窗户可以看到一个电影屏幕，正在上映的电影《爵士歌手》里面的艾尔·乔尔森的特写镜头。在创作这一作品时，汉密尔顿列了一张清单，列出他认为应该包括的内容：男人、女人、食物、报纸、电影、家庭用品、汽车、喜剧、电视资料以及当时杂志流行的形象。同时，该作品也全面预示了1957年汉密尔顿对波普艺术所下的定义，这显然也是艺术家本人对当时流行文化特征的一种概括。在波普艺术的影响下，当时的设计师设计出大量波普风格的产品，如手形的沙发。

3. 艺术思潮

艺术思潮是指在一定社会历史条件下，特别是在一定的社会思潮和学术思潮的影响下，艺术领域所发生的具有广泛影响的思想潮流和创作倾向。在中外艺术史上，曾经出现过不少艺术思潮，突出地反映了某一特定时代的社会思潮和审美理想，对各门艺术都产生了重大影响。仅仅从17世纪以来，就产生了有重大影响的艺术思潮，如古典主义、浪漫主义、现实主义、自然主义、现代主义以及后现代主义，等等。20世纪初叶，以德国为中心的表现主义、以法国为中心的超现实主义、以意大利为中心的未来主义、以英国为中心的意识流文学等，几乎同时在欧美盛行。在这些艺术思潮的影响下，也产生了大量的现代主义的产品和后现代主义的产品，如芬兰设计师阿尔瓦·阿尔托设计的甘蓝叶花瓶，简洁、纯净，是典型的现代主义产品；1986盖塔诺·派西设计的“纽约日落”沙发就是典型的后现代主义风格的作品。

古今中外艺术风格、艺术流派、艺术思潮都对设计产生了深远的影响，在一定历史时期，只要形成了某些艺术风格、艺术流派、艺术思潮，都会产生相应的设计风格、设计流派和设计思潮，艺术的发展与设计的发展总是相辅相成的，艺术的发展会促进设计的发展，同时设计的发展也会更加扩大艺术的影响力。从人的心理上来说，自我实现需要是一种实现个人的理想、抱负、充分发挥自己的潜能，希望完成和自己能力相称的工作，越来越成为自己所期望的人物的需要。人在达到温饱之后，追求发展和进一步的满足，包括物质享受和精神世界的满足，生活应当美好，性格需要表现，成就追求承认，地位期望彰显，权力期望膨胀。这一推动历史发展和社会进步的力量，也就是促使艺术与物质生产分离，走上纯艺术的道路的力量，这一力量同时促使古往今来的物质技术产品具有艺术的内涵。

三、科学技术对产品设计的影响

从设计产生的时候起，科学技术就一直是影响设计的一个重要因素。现代科学技术对设计的渗透和影响更加深入和广泛，表现出如下几个方面。

第一，表现在现代科学技术为产品设计提供了新的物质技术手段，新材料、新工艺层出不穷，促使新的具有智能、特殊产品的产生。

第二，表现在现代科学技术为产品创造了前所未有的文化环境和传播手段，为产品设计提供了更广阔的天地。

第三，表现在艺术与技术、美学与科学的相互结合与相互渗透，对人类生活产生了深刻影响，也促进了科学技术与产品设计的发展。

第四，表现在科学领域的重大发现对设计观念和美学观念产生了巨大而深刻的影响。例如，系统论、控制论、信息论、模糊数学等观点和方法已经被运用到产品设计研究之中，成为某些产品设计理论和产品设计评价的观点和方法。人机工程学的理论为人性化设计提供了理论依据和指导：信息技术、网络技术和数字化相结合产生了虚拟现实技术，虚拟现实技术使得用户可以参与产品的设计，虚拟现实技术的应用大大缩短了新产品的开发时间，并降低了产品开发的成本。

2009 年的最佳产品设计都是高科技产品。以往有将近 1000 万得慢性阻塞性肺病的美国人靠药物或干咳以促使呼吸冲破堵塞肺部的痰黏块，一种新型的医用声学肺笛能将积聚在肺部的痰黏块吸出，只需要吹 15~20 口气即可。朝这根管乐器吹气将持续的 16 赫兹颤动传导到吹气人的肺部，松动积聚在肺部的痰黏块，以将其咳出。这根笛子还可以作为提取肺积液简易方法用于肺结核测试，在肺结核流行的发展中国家特别有用。

图 3–8 所示为全天候的助听器，也称为吕雷克助听器，是第一款不必手术植入就可以持续佩戴数月的助听器。黄豆大小的装置在耳道里可停留长达 4 个月，洗澡和睡觉时也能佩戴。它比市面上任何助听器离耳鼓都近，仅相距 1/6 英寸（1 英寸 ≈ 2.54 厘米）。这样它可以最大限度地在自然状态下利用外耳来捕捉声响。

在话筒口，距离接近也减少了变声。佩戴者凭借一根电磁杆便可以调节音量或者开关，佩戴者只要每 3 ~ 4 个月到听觉学家那里更换一次即可，用时也不长。

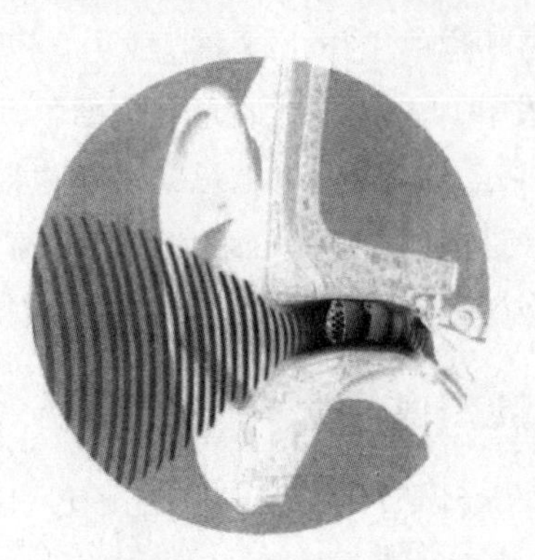

图 3–8　全天候助听器

汽车本身就是科技发展的产物，从卡尔·奔驰造出的第一辆以发动机为动力的车辆到现代的汽车，科学技术的进步都集中在车辆上。轿车已经演变成一个容纳先进技术的平台，几乎现在流行和将要流行的先进技术最终都要被轿车收罗进来，成为其中的一部分。新材料和新工艺在轿车装饰中应用极其广泛。现在，有的轿车上已经设置了计算机局域网、无线上网，还配备了电视、音响、冰箱等生活设施，轿车从代步工具演变成家和办公室的延伸。现代轿车面漆技术变化最大的有两项：一项是油漆的黏附力和硬度都有大幅度提高。随着车速的提高，轿车更加容易受到碎石和尘埃气流的袭击，漆面很易被划花。1988 年，美国福特汽车公司率先在雷鸟和美洲狮轿车上采用了局部聚氨酯底层—表层涂料系统。这种涂料系统能抵抗碎石的袭击，漆面不易被划花，而且油漆黏附力极强，即使轿车车身被撞瘪了，油漆也不会脱落。目前多数轿车都采用了相似的抗击底漆和面漆。另一项是用水基油漆代替溶性油漆。许多发达国家的汽车厂家已用水基油漆逐步代替溶性油漆。水基油漆含溶剂极少，不污染自然环境，而且漆面质量优于溶性油漆，显得更加光亮悦目。

汽车的“心脏”——发动机技术经历了三次重大变革，即从化油器到电喷技术再到直喷技术的历程。最先是化油器供油的发动机，然后是涡轮增压和电子控制喷射发动机，这两项技术增加了发动机的动力。现在是缸内直喷式发动机。其不仅提高了发动机的动力，而且可以控制供油量。缸内直喷技术其实就是将喷油嘴安置在汽缸内，喷油嘴放置在气缸内的好处就是在供油时不需要再等待气门的开启，也不会受进气阀门的开关而影响油气进入汽缸的量，且能经由计算机的判断来自由控制供油的时机和分量，至于进气阀门，则只单纯提供空气进入的时程。

缸内直喷引擎在中低转速时，节气门处于半开状态，空气由进气阀门进入气缸，由于采用缸直喷技术的引擎活塞顶部有特殊的曲面设计，会使空气进入气缸后在火星塞与活塞顶部间形成一股涡流，当压缩行程接近尾声时，高压喷油嘴会喷出少量适当的汽油来进行点燃，以充分提高引擎的燃烧效率和降低引擎运转时的油耗。汽车市场的未来“中坚力量”——TSI（涡轮增压与汽油直喷的结合）发动机成功地将来自柴油发动机的缸内直喷供油技术应用于汽油发动机，是发动机发展史上的重要里程碑。配合涡轮增压技术，TSI 发动机实现了最大动力性能，最小燃油消耗和最佳清洁排放的优化组合，被称为划时代的创新技术成果，同时也代表着汽油发动机的未来发展方向。

产品设计的选材受到深刻的文化因素的影响。在产品设计中，材料的选择是一个非常重要的因素，材料是产品构成的物质基础，也是社会文明的标志。莫里斯·科恩在《材料科学与材料工程基础》一书中写道：“我们周围到处都是材料，它们不仅存在于我们的现实生活中，而且扎根于我们的文化和思想领域。”事实上，材料一方面成为造物的物质基础和构成物品的基本内容，另一方面也成为人们实现自己目的和理想的中介物、对象物，而与人形成一种密切的联系。材料的选择是产品设计是否成功的决定因素之一。由于新材料和新工艺层出不穷，产品设计的材料的选择范围不断扩大。对材料的选择要考虑材料的物理、化学特性等内部因素，还要考虑经济、工艺、安全和环境等外部因素，产品设计选材的文化特性体现在以下几个方面。

（一）选择材料要体现民族文化特色

我国明代的家具之所以富有民族文化特色，很大程度上归功于红木的优良品质，明代家具的设计是中国传统文化的代表作，优质的红木成就了明代家具的结构美、造型美、材质美和装饰美。红木一般都具有以下特点：木质坚硬，手感沉重，沉于水，年轮成纹丝状，波痕可见或不明显；纹理纤细，有不规则蟹爪纹；无香气或很微弱，浸水不掉色；大多数呈现褐红色、暗红色或深紫色，产于印度等热带地区。优质的红木能保证家具不变形、不怕虫蛀、能够保证家具连接时采用榫卯结构，不用钉子和胶水，家具表面不需要上油漆，其本身的颜色和木纹就非常美丽。选材时，材料的种类要尽量精简，避免过多的材料堆砌，这样可以减少生产、制作成本，降低原材料的损耗。产品的表面装饰也要尽量简洁，表面的装饰材料要精致。

（二）选择材料要体现产品的艺术美

产品的艺术美感很大程度上依赖于材料的材质美，材料的美感体现在材料的色彩美、肌理美、光泽美、质地美和形态美。在设计中，将材料的上述美感融合在一起，就能使产品满足人们的审美需求。著名的阿勒西公司所设计的杯子和调味瓶就是利用材料的色彩美、肌理美、光泽美、形态美将产品的艺术美表现得淋漓尽致。

（三）新材料是产品设计创新的源泉

每一次新材料的出现都会给设计带来新的飞跃。设计大师密斯说："所有的材料，不管是人工的还是自然的，都有其本身的特性，材料及构造方法不一定是最上等的，材料的价值只在于用这些材料能否制造出什么新的东西来。"20 世纪六十年代是高分子材料和染料工业发展的黄金时代，形成了当时人们对红色、绿色、黄色等流行色的狂热爱好，使人们深信美好的未来，从而改变了人们对社会环境、生活方式和价值的观念，推动着历史的进程。如今新材料、新工艺更加广泛地应用于产品的创新，新材料和新工艺成为产品设计创新的源泉。选材的新奇能带来产品的创新。例如，碳纤维是一种复合材料，具有高强度、高模量、耐高温、耐腐蚀、耐疲劳、抗蠕变、导电、传热、比重小和热胀系数小等优异性能。利用碳纤维设计的概念厨房，为当代家庭再次检验利用整个厨房空间在形式和计划上的可能性。一个厨房的构想不能仅仅依据空间，还必须从更广泛的意义上考虑，作为一个倾向于突破封闭空间的地方，这样的特征决定了其能够从社会角度考虑。此款设计采用了先进的合成材料，使形式与技术创新一体化。凯芙拉是由杜邦公司生产的一种高强纤维，用于防弹衣和防护服等，由其制成的防弹衣可以说是"一夫当关，万夫莫开"。而凝胶聚氨酯则在弹性和延展性上面具有独一无二的优势，两者结合制作的防弹衣既有弹性，又能防弹。这种产品可用于保护处于瓦斯爆炸危险之中的开矿人员，同时榴霰弹和强大的压力波对它也是无效的。LG 电子在全球首先将镀铬合金技术应用在了 MP3 播放器上，这种表面材料一般被应用于太阳镜、化妆品盒子等时尚物品的表面。这款 MP3 简洁明快的造型节省了原材料，生产过程中可以被轻松地组装起来。值得一提的是，明亮的外表面材料中并没有掺入有毒的防腐剂。

（四）选择材料要体现极约主义的设计思想

图 3-9 所示的沙发是菲利浦·斯达克设计的。它采用非常简约的造型，材料也较单纯，体现了极约主义的设计，减少了资源、能源的消耗，制作工艺也简单。

图 3-9　沙发

（五）选择材料要实现绿色设计

目前，由于能源、资源匮乏，无论设计什么产品，都提倡在产品设计的整个生命周期内尽量减少能源、资源的消耗，并减少对环境的污染。设计产品时，若能做到因地制宜取材是最好的。由于全球气候变暖，阿尔卑斯山脉的雪逐年融化，严重威胁着滑雪胜地瑞士的旅游业。科学家将在瑞士中部的安德马特滑雪场展开一项惊人的工程：将一块3000平方米相当于好几块足球场大小的超级“塑料保鲜膜”覆盖在当地的格胜冰川雪峰上，以抵抗炎炎烈日对雪山的侵蚀。这张巨型“保鲜膜”共有两层，表层为聚丙烯材料，底层则为聚酯材料，这种“保鲜膜”对阳光所含热量和紫外线的反射率要高出许多倍，在它的保护下，下面冰川融化速度将大大放慢。这种“保鲜膜”每平方米单价为20欧元，即总费用约为60000欧元，这比用稻草包裹冰雪，然后再用木棍铁棒异地拖运积雪，显然要省钱、省力得多。

产品设计选材与文化总有千丝万缕的联系，新材料、新工艺的应用总是给产品的创新提供物质基础。社会的文明进步总是可以从产品的材料上体现出来。在物质文化和精神文化的浸润下，设计师一定能通过设计材料实现为人类造福的宗旨。

四、民族化的影响

（一）民族传统文化情结

民族文化情结并不是一个抽象的概念，它是由非常生动、具体的形象来体现的。中华民族近六千年的悠久历史，文化积淀深厚，内容丰富，从国画、书法、易经、禅学、五行八卦到泥塑、剪纸、木版年画等，都是我们中华民族的财富。这种不露而欲露的表现手法映射出特殊的艺术魅力，达到一种“五色尽而情有余”的境界，表现在形式上，大概就是诗化的形式。

民族的形式是诗化的形式。中国传统的美感视境是超脱了分析性和演绎性的，符合中和之美，含蓄之美，自然之美，体现“天人合一”的审美观，有诗的非常感性的特征。“诗化”的特征表现在视觉设计上为图形、色彩、文字、造型等所蕴含的情绪，这一情绪是非常民族化的。中华民族对事物完整性的追求，对含蓄、吉祥、寓意美好的事物的追求，都是设计师体现民族设计文化情结的源泉，也是中国包装设计灵魂的源泉。

因此，民族化包装的形式美感是造型的仿古和民间自然物质形态、材质、图形、文字等组合美的综合体现。产品设计的民族化就是要找到一种解读民族心理的语言，并用视觉的形式把民族内在的精髓表现出来，力求以鲜明的形象力构成尽可能多的商品和促销力，或直接或间接地展示商品文化价值的功能，即以现代产品、消费、营销竞争和文化形象为时代背景，通过形象文化的软作用——感性情绪特征，使人们在情感上产生共鸣，从而满足人们心理和生理的审美需要。

（二）重视品牌文化的魅力

传统的经济学理论指出，消费者在进行消费时，一般会受朴素的等值观念（即价格与产品的价值相等）的影响，产品的品质和价值决定了消费者对消费品的取舍。然而，在产品同质化程度越来越高的今天，这种朴素的等值观念正受到来自现实的挑战。消费者在购买力相同的情况下，市场上符合他们这种传统等值标准的产品往往不止一种，传统的消费观念使消费者陷入了一种取舍两难的境地。

那么消费者又是怎样做出他们的选择的呢？我们发现，除了对产品品质和价值上的认同外，有一种力量正在影响着消费者的选择，这就是品牌文化的作用。品牌文化与消费者内心认同的文化和价值观一旦产生共鸣，这种力量就显得非常强大。因为它是除了服务以外，品牌所赋予产品的又一附加值。正是这种无形的附加值影响了消费者对同质化产品的选择。

品牌是市场竞争的强有力手段，但同时也是一种文化现象。优秀的品牌是具有良好文化底蕴的，消费者购买产品，不仅是选择了产品的功效和质量，也同时选择了产品的文化品位。在建设品牌时，文化必然渗透和充盈其中并发挥着不可替代的作用。创建品牌就是一个将文化精致而充分的展示过程。在品牌的塑造过程中，文化起着凝聚和催化的作用，使品牌更有内涵，品牌的文化内涵是提升品牌附加值、产品竞争力的源动力。

品牌是文化的载体，文化是凝结在品牌上的企业精华，也是对渗透在品牌经营全过程中的理念、意志、行为规范和团队风格的体现。因此，当产品同质化程度越来越高，企业在产品、价格、渠道上越来越不能通过制造差异来获得竞争优势的时候，品牌文化正好提供了一种解决之道。所以有人说，未来的企业竞争是品牌的竞争，更是品牌文化之间的竞争。这是一种高层次的竞争，任何一家成功企业都靠着其独特的品牌文化在市场上纵横捭阖。

品牌的形成主要依赖于三个要素：产品的知名度、企业的社会形象、经营者的能力和个人魅力。一个成功的品牌应该是品质与文化的有机结合。

（三）可持续发展的生态环保

产品设计策略定位，是现代以至未来产品设计发展的潮流和趋势。经济的发展是一把双刃剑，使人类获得丰富的物质和精神享受的同时，也给人类的生存环境带来严重的隐患，如环境污染、不可再生资源的缺乏等。现在，人们开始意识到各种包装废弃物对大气、水源、土壤等造成的污染，并且包装物所造成的污染也有其自身的特殊性。在商品化社会，只要有人类活动的地方，包装就伴随商品散布到各处，所以污染面广。包装材料由于使用寿命短、使用量大、废弃后难以降解，固体废弃物量大且难以集中，对城市环境和人体造成严重危害，是最早引起公众关注的产品。据统计，中国每年生产的包装制品有 70% 在使用后被抛弃，在一些大城市垃圾中塑料类废弃物比例已达到，甚至超过发达国家的水平。生态环境的可持续发展是 21 世纪人类面临的最迫切的课题，也是现代设计多元化时期产品设计面临的新挑战。

现代产品设计从生态环境的可持续发展角度出发，通过设计创造一种无污染、有利于人类健康、有利于人类生存繁衍的生态环境。另外，在包装材料的选用方面应尽量使用可回收材料和再生的材料，增加材料的循环利用，节约全球资源。比如，我们常见的啤酒、饮料、酱油、醋等包装采用的玻璃瓶是可以反复使用的可回收材料。我国民间传统的粽子包装、荷叶包装、贝壳包装，以及现代酒鬼酒采用天然麻织物包在陶器外面，然后用草绳捆扎来传递出产品百年陈酿、历史悠久的特性，这些都能体现出绿色产品设计的文化内涵。

五、民族传统对产品设计的影响

在全球化浪潮中，保护各民族的传统文化对维护世界文化的多样性具有十分重要的意义。世界上任何民族，如果抛弃民族文化传统，没有任何特色，就会在世界民族之林中失去地位，同时也在国际上失去影响力。民族传统影响人们的生活方式，从而影响了设计师的设计。产品设计必须符合民族传统和生活习惯，才能被人们所接受。以服装为例，中国的民族传统对各民族的服装设计影响深远，主要表现在以下几个方面。

（一）中国古人的服饰审美意识深受古代哲学思想的影响

“天人合一”的思想是中国古代文化之精髓，是儒、道两大家都认可并采纳的哲学观，是中国传统文化最为深远的本质之源。这种观念产生了一个独特的设计观，即把各种艺术品都看作整个大自然的产物，从综合的、整体的观点去看待工艺品的设计。《周易》肯定了人与自然的统一性，人与自然间往往不存在绝对隔离的鸿沟，二者互相影响渗透，人与自然遵循统一的法则，天地自然也具有人的社会属性，同时又包含了与人事有关的伦理道德，表现在审美情感上就是偏感性的。而服装正是体现人和物之间的审美和谐和自然表现形式的外化，这种审美情感意识倾向外露于服装也是合乎“自然”之道的。魏晋时期，竹林七贤放荡不羁，重神理而遗形骸，所以在服装上往往表现为不拘礼法、不论形迹，常常袒胸露脐，衣着十分随便。

（二）一定经济基础上形成的意识形态直接古人对影响服装的审美思想

春秋战国时期，产生了以孔、孟为代表的儒家，以老庄为代表的道家，以及墨、法等各学派，不同派别的意识形态渗透到服饰美学思想中产生了不同的审美主张，如儒家倡“宪章文武”“约之以礼”；墨家倡“节用”“食之常饱，然后求美；衣必常暖，然后求丽；居必常安，然后求乐”；法家韩非子否定天命鬼神的同时，提倡服装要崇尚自然，反对修饰。魏晋时期是最富个性审美意识的朝代。“褒衣博带”是魏晋南北朝时的普遍服饰，其中尤以文人雅士居多。如果说魏晋南北朝时期“褒衣博带”是一种内在精神的释放，是一种个性标准，厌华服，而重自然，而唐朝的服饰则是对美的释放，对美的大胆追求，其服饰色彩之华丽，女子衣装之开放，是历代没有的。唐代出现追随时尚的潮流，其石榴裙流行时间最长。《燕京五月歌》中有：“石榴花发街欲焚，蟠枝屈杂皆崩云，千门万户买不尽，剩将儿女染红裙。”安乐公主的百鸟裙为中国织绣史上的名作，官家女子竞相效仿。唐朝比以前任何朝代又增加了新的审美因素和色彩，唐代审美趣味由前期的重再现、重客观、重神形转移到后期的重表现主观、意韵、阴柔之美，体现了魏晋六朝审美意识的沉淀。

宋朝时，宋人受程朱理学的影响，焚金饰，简纹衣，以取纯朴淡雅之美。而明代是中国古代服装发展史上最鼎盛的朝代，服饰华丽异常，重装饰。这是因为明朝已进入封建社会后期，封建意识趋于专制，趋向于崇尚繁丽华美，趋向于追求粉饰太平和吉祥祝福。因此，明朝在服装上盛行绣吉祥图案。此外，明代中期南部出现了资本主义萌芽以及发达的手工业和频繁的对外交流，使其服饰从质料到色彩到图案追求艳丽，形成了奢华的风气。

（三）“等级性”对古人的服装审美意识的影响贯穿了古代社会的始终

中国古代等级制度森严，受这种等级制度的影响，古代服饰文化作为社会物质和精神的外化是“礼”的重要内容。为巩固自身地位，统治阶级把服饰的装饰功能提高到突出地位，服装除能蔽体之外，还被当作分贵贱、别等级的工具，是阶级社会的形象代言人。服装就如同一种符号，古代社会中服装有严格的区分，不同的服饰代表着一个人属于不同的社会阶层，这就是“礼”的表现。《礼记》中对衣着等级做了明文规定“天子龙衮，诸侯如黼，大夫黻，士玄衣裳，天子之冕，朱绿藻，十有二旒，诸侯九，上大夫七、下大夫五，士三，以此人为责也”。这表明祭礼、大礼时，帝王百官皆穿礼服。春秋战国时期的诸子百家对服装的“礼”功能亦有精辟见解，如儒家提倡“宪章文武”“约之以礼”，这种观点的提出与其封建等级制度的捍卫者的形象密不可分。这种“礼”的功能还表现在服装的色彩上，如孔子曾宣称“恶紫之夺朱也”，因为朱是正色，紫是间色，他要人为地给正色和间色定各位，别尊卑，以巩固等级制度。在每个朝代几乎都有过对服饰颜色的相关规定。例如，《中国历代服饰》记载，“秦汉巾帻色，庶民为黑，车夫为红，丧服为白，轿夫为黄，厨人为绿，官奴、农人为青”。唐以官服色视阶官之品，“举子麻之通刺，称乡贡”。唐贞观四年和上元元年曾两次下诏颁布服饰颜色和佩戴的规定。在清朝，官服除以蟒数区分官位以外，对于黄色亦有禁例，如皇太子用杏黄色，皇子用金黄色，而下属各王等官职不经赏赐是绝不能服黄的。

纵观中国古代服饰的发展，我们可以清晰地看到各朝各时期中国民族传统对服装的影响，服装从最早的功能——遮羞、蔽体，经过岁月的流逝与历史的演变，从等级制度的代言人，到后来标榜个性的象征物，已经走过了漫长的岁月，而民族传统贯穿其中，民族传统文化对服装的设计既深刻又深远。

总之，文化的发展一直影响着产品设计的发展，文化对设计的影响是多方面的，科学技术、艺术的不断进步有力地推动了产品设计的发展，并为产品设计搭建了一个十分宽阔的平台，而产品设计的发展也是文化发展的一部分，产品已成为各个时期文化的载体。文化和产品设计两者相辅相成，密不可分。如今的产品设计的竞争，实质上是文化底蕴的竞争。文化造就了人们的价值观和审美观。只有在接受设计师宣扬的文化前提下，消费者才能接受该设计师所设计的产品。由于文化是多层次的，文化对产品设计的影响也是多方面的，产品的文化特性也是多方面的，设计师只有融入大众的文化生活中，才能设计出富有文化内涵的产品。

第四章 产品创意设计的文化理念

第一节 产品设计的哲学层次理念

一、视觉观与构成论

视觉认知和创新的实质就是设计的哲学原理，包括视觉观与构成论。

（一）视觉观

1. 视觉

视觉是指人辨识物体明暗、形状、体量、颜色等特性的感觉，是整个视器官功能活动的结果。人的双眼在对物体空间属性的大小、远近的判断上，起着重要的作用。

2. 观

综合《说文解字》《辞海》的解释，"观"为谛视，即仔细看，对事物的看法或者态度。

对于本书所指的"观"，最直接及义的词语就是"观念"，即看法、评价、思想；也指思维活动的结果；还包括人类意识或思维的生理、心理过程，即感觉、知觉。

视觉观就是视觉意识形态，指人通过视觉功能对自然界、社会和思维的或具体或抽象形象根本观念的体系。

事实上，视觉、嗅觉、味觉、听觉、触觉以及心理感觉是感受外界信息的不同的途径及通道。通过这些途径及通道，人将获取的外界信息与已学习的知识进行比较、判断，且相互参照、互为补充，融合于大脑中，组成整体的意识形态体系。因此，视觉、嗅觉、味觉、听觉、触觉以及心理感觉都应综合包含在"视觉体系"之中。

人们的视觉意识形态和思维方式受诸多因素影响，包括家庭、教育、收入、年龄、性别、宗教信仰、工作属性、地域民俗、性格爱好、规章条例、流行时尚等。因此，面对同样的客观对象，就不同的人而言，其视觉结果大相径庭，是不足为奇的。

3. 视觉观的实践性

实践出真知。存在决定思维、物质决定精神，但思维对存在有反作用，这些是普遍的真理。

广义而言，视觉观是对自然界、人类社会和思维现象的根本观念，即指导思想。因此具有顺向和逆向两方面普遍的实践意义。人认知外界信息，83% 以上是通过视觉功能获取的。当今世界发展表现出政治多极化、经济一体化。网络改变了时间和空间。社会运作节奏不断加快。特别是多元文化之间的交流沟通，对可视化信息传达、传递的要求为简明、浅显、形象、迅捷。事实上，工业设计、平面设计、环境设计的所有对象都是可视的对象，由具体的大小、形状、体量、颜色、材质、功能、表面质地等组成，且尽可能彰显人与人、人与物、人与社会的交互关系。这就要求产品设计工作者（其他设计亦同）必须学习认知和掌握应用视觉观的理论和方法，并用来指导思维、创意、设计、创新的所有产品设计开发研制的实践活动。

设计是服务，视觉观是指导产品设计的基本哲学思想之一，产品设计工作者要关注和研究涉及人们视觉意识形态和思维方式的所有因素。

4. 创意视觉观

思维、创意、设计、创新是人类改造自然、改造社会、改造自身的不同层面特征的探索活动。

有关创意的共性特征归纳如下：

①属于思维活动范畴，即包括方案、措施、过程、方法、特色、改变等针对指称目标的几乎全部思维活动；

②涉及对象和目标可能明确，也可能模糊；

③包含创新、发明、设计、探索的功用；

④具有初次、首建、原创的属性，也是必要的属性；

⑤有或多或少“史无前例”的意蕴，是“自主知识产权”的前提。

视觉观是视觉意识形态的集成。哲学的公理指出，存在决定思维，物质第一性、意识第二性，意识对存在具有反作用。人类改造自然、改造社会以及改造自身的创意设计（包括产品设计、平面设计、环境设计），就是反作用。

由此，围绕创意视觉观的思维和实践活动，可以展开为以下几个层面内容。

①视觉观源于实践。重视实践，在实践中学习设计，体验和感悟产品创意设计视觉观。

书本学习、深入市场、竞赛活动、观摩展览、企业项目、手绘表现、计算机建模、研发样品、产品技术图样、性能测试、加工制作、售后服务等，都是实践。优秀的产品创意设计都是设计工作者专业学习、实践经验积累以及职业判断能力提升的综合反映。创意设计一般也是设计工作者对长期或短时困扰的难点、瓶颈问题，甚至是对所要设计的对象苦苦思索都始终头绪无端时突然感悟、茅塞顿开、灵感闪现的结果。

②视觉观要在实践中加以检验。影响视觉观的因素错综复杂，且结果因人而异，包括客观因素，也包括主观因素。

设计是服务，服务要得到用户、企业、市场的接受和认可，设计（产品）才具有社会意义。创意视觉观来自实践，也要通过实践进行检验，在实践中不断提炼创意本身的品质和价值，从而更有效地创意，构建产品创意设计可持续发展的理想境界。

③市场是判断设计的重要标准。只有获得市场认可的产品创意设计才能实施产业化。

顺势而为是创意视觉观的第一条准则。市场是逐利的，热销的产品会在很短时间内引发聚焦，乃至连锁爆炸式反应，以致产品过剩积压。无论是过去还是现在，这方面的教训都不少。激流勇变、引导新的消费方向是创意视觉观的第二条准则，也是企业立于不败之地的基本信条。作为有事业心，有社会责任感，担负传承企业、民族、国家文化使命的产品设计师，创造流行是创意视觉观的第三条准则。

必须清醒地认识到，思维、创意、设计、创新是人类改造自然、改造社会和改造自身的综合体。因此，可以这样说，产品设计创新实践的意识形态中，创意视觉观的作用及意义是哲学层面的基石之一。

可喜的是，在“走出去、请进来”的国内外科学技术、教育教学交流中，我国设计工作者已经把中华视觉元素，或大胆或巧妙，或直接或间接，或精致或简约地应用在许多行业的产品设计和造型中，进行了伟大的文化传承和开拓实践。图 4-1 所示为一组突出表现中国传统图案的洗脸瓷盘。

图 4-1　中国传统图案的洗脸瓷盘

（二）构成论

1. 构成

构成一般是把形状、体量、色彩、材料以及表面质地等形式化的构成元素，进行视觉性、力学性、匹配性、功能性以及心理认知性的变化和组织。有抽象无目的构成，也有实用有目的构成，前者是后者的基础。实用有目的构成是成为市场社会对象的必要条件。构成于视觉观的主要意义就是感性化。依据感性视觉元素形式以及消费关系的不同，构成可分为平面构成、色彩构成、立体构成（亦称空间构成，但不完全等同）等形式。现代构成形式还必须融入人与物、物与物、人与环境、物与环境、环境与环境之间的有机和谐关系。

通常，一件面向社会、传媒、企业、市场、消费者的构成作品（产品），都是上述两者以上多重元素及多重形式的综合有目的构成。

"构成"是外来语，其英语单词为"composition"。《朗文当代英语辞典》中，"composition"有下述含义。

① the art of putting parts together to form something.

② an-example of this.

③ the arrangement of the parts of something.

④ the various parts of which something is made up.

⑤ a short piece of written（ESSAY）done as an educational exercise.

⑥ something consisting of a mixture of various substances.

⑦ the arrangement of words，sentences，pages，etc.

以上英文句子大体意思就是，构成（组合）、诸如此类、排列、（装配）构件、短文、化合物、作文。这些英语及汉语简略译词的罗列可供读者在学习、理解、掌握、应用构成（composition）法则进行产品创意设计时，充分展开想象、触类旁通、举一反三、开拓创新。

2. 论

综合《说文解字》《辞海》的解释，"论"即分析、说明事理，指议论、讲述，也表示学说、主张。

本书"视觉观与构成论"的提出及构建参循哲学范畴的世界观方法论之道理。

本节"构成论"主要是表述构成的构建形式及规律之理念。

构成论是关于认识和改进自然、社会和思维世界中具象和抽象视觉对象的构成形式及规律的基本方法。

构成论与视觉观是有机统一体系。用视觉观去指导和改进思维、创意、设计、创新的各项实践活动，就是构成论。

今天的设计师比所有的前辈要面临更多的挑战，当然也有更多的选择机会。所谓挑战与机遇并存，就是要学习和掌握前人在实践中归纳、总结、使用的各种构成形式和方法，并在飞速发展变化的社会改革中，大胆探讨新的构成形式，不断丰富和完善构成体系。

3. 构成论的实践性

构成论与实践性相辅相成，不可分割。构成论的实践性体现在以下几个方面。

（1）向自然界学习构成元素

自然界是所谓具象元素的不竭之泉流、无界之宝库。学习自然构成元素，可以精心策划为之，可以"游山玩水、徒步探险"采撷之，也可以随意即兴为之。只要聚神留意，行道、小径边的树木、小草都包含有启发作用的构成元素。

调查、收集、整理、比较、提炼、改变自然界的构成元素，对构成真谛的感悟，行之有总、行之有获、行之有效。

（2）抽象构成是视觉观的高级层次

抽象构成是视觉世界的高级形式，且具有普遍意义。要达到构成形态的抽象思维、创意、设计和创新的层次或境界，哲学、数学、逻辑学、视觉心理学、音乐、诗歌、散文，皆为"它山之石，可以攻玉"，也是有助有益的工具和坐标。广泛的兴趣爱好是设计工作者无意识创意（可以理解为自由王国）素材构建的日常行为及习惯。

（3）与时代的步伐相一致

产品创意设计构成论的学习、感悟乃至系统的构建，其效果无论是平淡的，还是显著的，都难以与新材料、新工艺、新方法摆脱干系。从石器、陶瓦、青铜、钢铁，到电气、电子、半导体、集成芯片、生物医药等，每一种新材料、新工艺、新技术、新方法都会促成人类社会的生活、学习、工作、娱乐发生崭新的变化，都会促使一大批形式和功用不同的新产品出世，当然所伴随的是人类视觉观发生的崭新变化，包括价值观、审美观。

（4）贵于内在规律，成于外在表现

构成论的内在规律以及外在表现丰富多彩，有变化、对比，统一、调和，异规、破距，平衡、对称，群化、重复，韵律、节奏，象征、比拟，常态、无理……

构成论涉及产品创意设计的全部范畴，有材料、加工，零件、组件，标准、非标，保养、维修，节能、减排，绿色、再循环利用，当然还有统领产品生产的标准化、系列化、通用化、模块化。从不同的角度分析，产品包括结构构成、材料构成、运动构成、功能构成、控制构成、动力构成等。

只有通过实践，才能表达表现；只有通过实践，才能检验评价；只有通过实践，才能探讨规律；只有通过实践，才能构建有个性特色的构成设计体系，并不断修正、提高、丰富，达到新的构成论境界。图 4–2 所示为一组结构、形态、功用不同的美工刀，从功能上理解，适合不同的使用场合，但从视觉上分析，却显示构成的一般特点，取得功能与形态的有机统一。

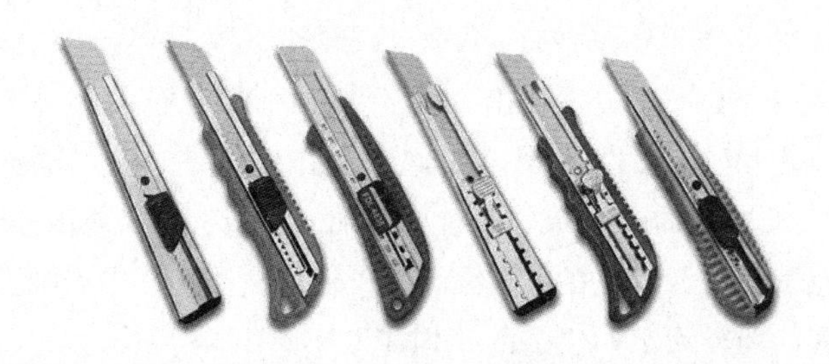

图 4–2　美工刀一组

4. 创意构成论

地球上所有可视物质、事件和对象，或者属天然造化的自然构成，或者是人类创造的人文景观，或者为形形色色无以计数的人工产品，或者提炼为纯属视觉范畴的平面构成、色彩构成、立体构成等，皆为构成的具体形式。构成渗透到人类生活、工作、学习、娱乐的方方面面。人们生活在既简单又复杂的由元素组成的庞大的“构成”世界中。可以说，构成是人类智慧及创造能力集中又发散的“物化”体现。

创意构成论涉及两方面的主题：其一，改进和发展现有的构成方式方法；其二，探索和创造新的构成方式方法。

①自然构成。谈及自然构成，可以引出无数的联想，如山涧溪水的弯曲流迹、白鹭成群栖息树冠的姿态、退潮后海滩的沙纹、大雪节气银杏树叶所泛显的浅深黄色、天际飘动的云彩、荷塘中锦鲤鱼争食的游迹、大雁南迁北徙的“队列”、老宅外墙的斑驳和苔藓、古村落的残砖裂瓦……

日晒雨淋、昼夜循环、四季更替、地壳运动、动植物生长，世间万物演变的内在规律与外在因素的交织——自然，组成了地球上最丰富和无穷变化的构成世界。

②人文景观。数万年以来，人类在与自然变化（如春夏秋冬四季轮回）以及自然灾害（需要说明的是，“灾害”是人类所赋的术语，其实应该是自然的正常现象）漫长的抗争和适应过程中，不断改进、改善自己的生存条件和生存环境。人类顺乎自然的客观以及自身发展的主观，创造了游牧文明、农耕文明、工业文明

的不同文明形态；圈养动物、种植庄稼、制作工具，也创造了房屋、村庄、乡镇、城市、国家；构建了不同民族、不同规模、不同功用、不同象征的人文景观（包括建筑、园林、街区）。产品使人类上天入地、涉南极跨北极、登月球探火星、改变时间空间、颠覆了白天黑夜……可以说，除了语言、民风民俗、人文景观，产品是人类发明创造的第四大文明体系。

分析任何一个产品，或系列或单一，或复杂或简单，或多功能或单一功能，都是由部件（组件、构件等）组成的。部件则由形形色色的零件（单个零件、连接零件）组成，形状不同的零件经车、铣、刨、镗、钻、磨、电火花、激光、锻铸等不同工作母机加工而“构成”。通过归纳、提炼可以发现，形状、大小、材料、品质、功能等是组成产品的“元素”，产品是设计师、工程师、技术人员、工人对所有“元素”巧夺天工而创造的“构成”杰作。

③构成一般形式。产品发展史也可以说是一部视觉观发展史、一部构成论发展史。

组织、比较、归纳、提炼是研究问题的基本方法，也是治学研究构成的基本方法。平面构成、色彩构成、立体构成等是人类长期对自然、社会、思维现象和规律的思考和探索，进而汇总结晶的三大“构成哲学”。一般而言，不依靠具体对象的无目的构成是设计工作者的重要理念基础以及技能训练手段。

构成的一般形式在产品的外形美感、内部结构优化、人机交互、界面友好设计以及产品体系的品牌彰显等方面，均有理论和实用指导意义。

④创意构成论有着极其重要的意义

人类的所有努力，都是为了满足不断增加的物质文明和精神文明之需求。工具产品的发展使人类的足迹视野到达南北两极、海洋深渊、外层空间，科学饮食、医疗技术的完善提高了生命质量、延长了寿命；工业化把人从繁重的体力劳动中解放出来，人便有了更多的空闲时间；四通八达的通信交通促使不同文化之间沟通、交流和渗透，世界性合作成为必然的趋势；旅游业上升为每一个国家第三产业的最大龙头。

科学技术是一把双刃剑，许多威胁人类生存发展的世界性难题也伴随而生，如工业化带来的职业病，人类消费的无节制所产生的巨量垃圾、气土水污染，人类生存环境遭受严重破坏，人畜共患传染病等。其中，以大规模生产为主要特征的工业化技术，以及以数字电子技术为依托的柔性定制化装备，促使产品的升级换代周期越来越短，人们的消费观念也不断膨胀，但与新产品生产能力同步发展的工业品垃圾处理能力和技术却严重滞后。美丽的“蓝色星球”正成为肮脏的“垃圾地球”，对人类的健康、生存、繁衍产生极大的威胁。连一般人难以涉足的外层空间轨道上，乱飞的“太空垃圾”也已经数不胜数了，但迄今却没有找到任何可行的回收办法。面对美丽洁净的天宇，在设计制造航天飞行器的同时，设计师应油然而生的理念和责任就是保护外层空间。所有这些都是摆在人类面前的巨大挑战，需要人类集中智慧，设计和开发绿色、环保、低碳、可持续发展的产品。人类发展史中的正面和负面内容、积极和消极因素，必然会影响，乃至改变构成论的定义、内容、组织以及方法。设计是创新，也是服务，更是传达传承，是构建不断发展的美好人类未来。创意构成论是设计的创新方法论内容之一，必然要瞻前顾后、继承发展，是设计师社会责任的基本理念。

因此，也可以这样说，产品设计创新实践的传达表现中，构成论的作用及意义是哲学层面的另一个基石。

二、设计表现与设计策略

（一）设计表现

1. 大脑想象表现

关于大脑想象表现，也许用大脑思维（包括逻辑思维、形象思维、抽象思维）表述更为准确。事实上，人类很早就开始了对大脑结构及思维机制的探索和研究。今天，专业的检查、测量仪器，如脑电图仪、脑血流量仪、测谎仪等，已经能把大脑的生理活动、思维过程显示出来，从而把人类最复杂的大脑功能及思维（可以称为“设计想象”）进行了可视化的表现。不久的将来，人坐在计算机显示器前，只要戴一顶特殊的“帽子”，不需要任何其他输入装置（如键盘、鼠标、语音输入口等），大脑想象什么，计算机主机就能运算什么，显示器就显示什么。已有相关的科研成果在媒体上得以披露，如20世纪90年代初的海湾战争中美军士兵配备的高科技多功能军帽，其中的一项功能就是可以采集分析士兵的大脑注意力集中程度。未来的成果将告诉人们，不需要任何其他器官和四肢的帮助，大脑想象什么，他人就能看到什么。

从设计的角度出发和归类，大脑的想象表现（创意）包括构思、整理、规划等内容。

①构思。设计师在设计产品过程中所进行的思维活动，包括选取、提炼材料，酝酿、确定产品主体，考虑产品的组成（如结构、外形、传动、动力、控制以及执行等），寻求最优设计方法等。构思是受一定的知识结构、实践阅历、视觉观以及产品期望所制约的。

②整理。整理是对设计师调研、收集的同类产品和相似产品，参考产品的材料、数据、要求，进行分析、归类、对比，再有针对性地筛选出特点和范围，为

具体的深入工作做准备。

③规划。对产品设计的全部内容进行合理有序的安排，包括题目制定、调查研究、方案拟定、确定方案、技术设计、工艺制定、样品试制、市场测试、反馈修改、批量生产等。

需要说明的是，构思、整理、规划不是“各自为政”的，而是有交叉、有侧重、有机综合的大脑设计思维统一体系。

2. 手绘方案表现

手绘能力对设计师的意义和作用虽不可以夸张到举足轻重的地位，但至少是不可或缺的。

手绘（能力）不仅是将大脑思维想法转变为视觉对象最便捷的表现方法，还是调研采风中迅速记录和描写各种对象的手段，是激发设计灵感的有力工具。手绘还是锻炼设计专业学生观察能力、思维能力和交流沟通能力的简捷高效的方法。

①初步构思勾勒。人类的大脑与手之间几乎完美的协调关系，可以说是与生俱来的。设计师在构思、整理、规划将要设计开发的产品时，可以随手用铅笔、钢笔、纸等绘图工具记录、绘制大脑中思考想象的任何事物和对象。实践中，在产品设计的开始阶段，勾勒、描绘大量的方案草图（雏形）是极平常的。初步构思勾勒就是要充分发挥手绘的简捷便利，放开大脑和四肢，大胆勾画、大胆涂鸦、大胆描绘，为产品设计的深化、挖掘、开发，构建最大的平台。

②确定方案绘制。任何新产品开发或者现有产品改进的开始阶段，虽然开发改进的要求不一定会具体到每一个细节的参数，但总是有相对明确的指标和要求。在大量的初步草图勾勒过程中，总会有一些草图方案与上述指标要求相对接近，获得一定的满足感。有的方案甚至会产生新的创意，有的会出现超出原始方案的“灵气”。在多次反复的勾勒、修改以及细化的过程中（需要强调的是非常自由自如），一些草图方案就会逐渐明朗，并得到多方的认可，成为确定下来的方案。对这些确定方案，下一步要做的工作就是完善其视觉形象，这就是确定方案的绘制。虽然还不能达到尽善尽美，但确定方案绘制应尽可能把设计产品的各个部分进行细化，包括结构、功能、外观造型、材料选择、加工方法、造价成本预算、市场前景预测、系列产品的开发等。工作很多，但通过手绘、手写的方式、方法，简捷方便，驾轻就熟，从而为后续工作打下坚实基础。

③手绘细节表现。将手绘方案移植到计算机中，进行计算机辅助设计（CAD）工作时，经常会遇到这样的情况，通过显示器观察发现产品上某些结构或形态的局部不妥、不对、别扭，总之不满意。其实，所谓CAD软件的操作，实质为一系列功能键的组合及变化，因此直接在计算机上改动设计方案（尤其是初始方案），

效率低、效果差、反复改动工作量极大。处理这样的棘手问题，最好的方法还是要用手绘表现更为妥当。可以针对出现的问题，对产品的局部边想边画，边整理释疑的思路，边描制改进的方案，乃至可以就事论事，就问题展开问题，把问题的关键提出来，系统地探讨绘制解决问题的各种可能的方案。

手绘细节的展开和深入不仅是探索和解决棘手问题的便捷有效的表现方法，更可以消除长期从事设计工作而产生的疲劳感，平添情趣、振奋斗志、提高工作效率。

3. 计算机的精确表现

客观而言，正是计算机图形图像软硬件技术的发展，才使得普通大众也能将思维想法变为可以观赏的视觉对象，才使得从事产品设计（工业设计）工作的人，不一定必须具备良好的绘画基本功，也能胜任产品结构以及外形的创意和表现工作。进入 21 世纪，工业设计专业在高等院校遍地开花，这在 20 世纪八十年代以前（微软的视窗系统发明以前）是天方夜谭。计算机图形图像技术的成熟发展除了应用于表现精致细节结构的产品开发设计以外，还创造了许多新的行业，不仅丰富了社会、市场、人们的日常生活，也为社会创造了大量的就业机会，另外也是当前及未来个人创业的主流行业。

①平面表现软件，也称平面设计软件或二维设计软件。其中的旗舰产品就是图像处理软件（Photoshop），从首次推出基于视窗平台的 4.0 版本以来，Photoshop 一直稳稳地占据平面设计软件的主导地位。友好的界面、人性化的功能设置也使得 Photoshop 成为易学、易上手、易自如操作的工具，是普及性最广泛的平面设计软件。

平面设计软件有两大类，分别为：位图软件，如 Photoshop、CorelDRAW；矢量软件，如 Illustrator、CorelDRAW（CorelDRAW 兼位图和矢量功能）。上述 3 个软件也是最常用的图形图像设计软件。平面设计软件常用于工业设计项目产品投标的方案效果图绘制。由于只是在平面图上进行表现，虽然耗时短、效率高，但一旦要改变产品的表现角度和内容，就必须“新砌炉灶”，独立再绘描，重新制作，故而不适宜精致的表现。平面设计软件特别的长处就是易于制作形形色色的表现产品的创意图，以及综合产品结构、功能、特色的展板（展示设计），也包括产品设计书、操作手册等。

②三维表现软件，又称三维造型软件、三维设计软件。有一种不是很正确的流行观念，即提到 CAD，往往就是指三维设计软件。CAD 全称为“Computer Aided Design”，中文意思就是计算机辅助设计。广义上说，能辅助产品设计人员进行设计工作的软件都可以称为 CAD，包括前面的平面设计软件。

三维造型软件的英文是“Three Dimensional modeling Software”，有明确的界定说明。从发展来看，三维造型软件是从二维矢量格式软件派生出来的，但却发展为一个庞大的产业，最典型的代表就是欧特克公司的AutoCAD。随着计算机的中央处理器（CPU）以及图形加速卡（显卡）技术的飞速发展，构建复杂产品内外结构、计算量巨大、曲面外形拟合等目标成为各大CAD软件开发商竞争的主体，三维造型软件进入IT史上的“战国时代”。如今，一般设计人员对3ds max、Lightwave、IDEAS、Maya、Alias等耳熟能详，而兼具CAD/CAM一体的基于参数智能化的软件：UGII、Solidworks、CATIA、ProE/ProD等成为产品设计的主打工具，在飞机、城轨、公交运输车辆、船舰以及家用电器设计开发制造中，越来越彰显其不可或缺的作用和地位。欧特克公司还推出垄断装备制造业产品设计开发的系列产品：AutoCAD、MDT（Mechanical Desktop）、Inventor。

在三维造型软件的更新周期越来越短，功能越来越多，复杂曲面精确拟合，对硬件的配置要求越来越高的主流趋势中，却有一把短小精悍的利器Rhino（俗称“犀牛”，全称“Rhinoceros”）异军突起，以功能全、数据量小（小于100MB）、对硬件要求低、可以实现生物体复杂空间曲面精确造型的特点，敢于向诸多大型软件叫板。Rhino简洁易上手的界面，成为工业设计领域便捷的CAD工具，不仅深受专业人士的欢迎，而且是产品设计专业初学者上手的首选。兼容性好、开放结构，也使Rhino成为许多软件开发者追逐的对象，他们相继为这个宠儿开发了不少实用外挂软件，如Flamingo、Hypershot、Bongo、Tree、V-ray等。

③拟态表现软件。拟态也称为虚拟现实、仿真、模拟等。毫不夸张地说，今天的计算机辅助工具已经能够模拟（仿真）各种物理、化学现象和过程。拟态软件已经深入到产品设计开发研究的各个分支，如强度刚度动力学的有限元分析、机构运动学模拟、流体气体工程、铸锻工艺、塑料模具成型、钣金工、金属切削加工过程、产品零部件的装配、物流的优化方案、整机运行性能的分析、破坏试验。

常用的拟态表现软件包括Ansys、ProCAST、MATLAB、SolidCAM、Mouldflow、SAP等。

4. 模型样机表现

一个有追求的产品设计师，除了应掌握手绘表现、计算机表现的能力，还要具备模型制作表现能力，熟悉加工工艺。对产品设计而言，模型和样机是具体的、手可以触摸的、眼睛可以全方位观察的真实物品。模型和样机的制作过程是产品设计开发生产过程的印象，意义重大，具有强烈的实物感以及视觉冲击力。在汽车、飞机等运动型产品的造型设计开发过程中，模型样机具有CAD所不能替代的作用和地位。

①普通模型。普通模型制作是一般大专院校产品设计专业学习必修的实践课程，其目的不仅仅是培养和训练学生对材料、加工、制作以及成品之间过程的切身感悟，更重要的是培养学生牢固树立产品是具体的、空间三维实物性的实践理念。在模型制作过程中，学子们可以亲手感触形、态、表现、效果以及最终结果与产品之间的有机内在联系。

制作普通模型所用的材料和工具不受限制，可以“不择手段”，泥土、石膏、木材、金属、纤维织物、卡纸、油泥、竹子、塑料、胶木等都可以作为模型的材料。由于普通模型制作的自由随意性，常用的加工工具为钻床、车床、雕刻机、台虎钳、锯、钳、锤、锉、砂纸、刮刀等，当然，还有油泥和涂料。

普通模型也是设计师在产品创意设计的初始阶段以及方案确定过程中，探讨和琢磨最优形态和结构的一种实用效率高的手段。由于工程实践的经历，设计师更多的是考虑产品的生产可行性、可加工性以及批量生产的工艺手段。

②功能样机。功能样机，也称原理样机。新产品方案设计、结构设计、功能设计等全部外形以及内部技术图纸完成后，一般不宜立即进行大批量生产的投入，因为所设计的产品，还需要经过市场的检验。另外，归属于运动、科研、探索领域的产品，还需要进行一系列性能、品质、安全性以及功能精度的测试，包括疲劳试验、极端工况（如高温、低温、辐射）的考核及认证。因此，单件或少件的功能样机制作是有规划、有远见、有社会责任感的设计师及企业不可或缺的环节。

功能样机可以是缩小比例的，如核电站核岛内的压力容器、吊篮、堆内构件，外层太空站、超大型飞机；也可以是 1 ∶ 1 的真型样机，如新型轿车、新型歼击机。家电产品的样机多数是 1 ∶ 1 的真实形态。

随着市场竞争越来越激烈，用户对产品个性化的追求也越来越丰富，以前那种一个企业只有一个产品或少量几个产品就能生存的“一招鲜”的日子一去不复返了。现代装备技术为大规模柔性定制（个性化）生产创造了条件，因此，企业研制的功能样机往往同时也就是正式产品。这就对产品设计、研发、制造、调试、现场安装、品质保障有了全新的要求，当然相适应的手段也成为企业立足市场的基础，其中 CAD/CAM/CAE 等，以及统贯企业全局的兼容数据库和拟态表现软件的作用和意义就越来越重要了。

③快速成型。轿车是世界上产值最高的民用产品。轿车造型工作中对模型的考验包括风洞、路试等一系列严格的试验程序，是轿车投入市场的“身份证”和“品质证明”。反复修改的复杂的车外表形状，即使再“倒回”到 CAD 软件中，也是工作量巨大但效果不一定理想的方法，而反求工程可以轻而易举地胜任。三坐

标测量仪、非接触式激光扫描仪、快速成型机、三维雕刻机、五轴联动铣床以及多关节机械手可以满足三维空间全方位形态加工制造之需求。试验所获得的数据经分析优化后可以直接驱动轿车的正式加工生产。

反求工程尤其在现代康复医学工程中得到全新的移植应用。不同的人相同部位的骨骼也是千差万别的，因灾难、事故、手术或病变而损坏的头颅盖以及其他部位的骨骼（特别是关节部位的骨骼）用传统的人造产品植入，其形状和结构肯定是不匹配的。利用反求技术，可以把患者的头颅盖整体形状，以及对称健康的关节（人的骨骼多数是成对生长的）结构扫描到计算机中，进行曲面光滑拟合以及关节镜像复制。利用快速成型机，可以制造完美匹配的强度高、重量轻的全仿真头骨以及关节，即一个人一个骨骼（man made bone），植入后当然如同原来未损的效果。现代反求工程为康复医学工程，为造福人类开创了崭新的应用领域。

5. 手绘意义

广义而言，手绘包括模型制作。双手是人体所有器官中最便捷、最灵活的劳动“工具”“设计工具”。人自从出生起，手就在大脑指挥下进行各种各样的尝试活动。大脑指挥手，手的工作又促使大脑进一步发指令，手脑相互间融入到日常学习、生活、工作、娱乐的方方面面中。如一双一分钟可以向计算机输入400多个字符的双手，用10个指尖在钢琴键盘上飞速跳动而演奏出帕格尼尼（Niccolo Paganini）“无穷动”的双手，等等。人手和大脑之间，几乎无任何延迟的协调默契关系，可以说是世界上最和谐、最美妙的结合。对于人手的作用，恩格斯在《自然辩证法》中早已做出精辟的结论：“自从人的手能制作工具，人便从猿猴中分离出来了。”简单而言，虽然计算机的确是非常出色的设计辅助工具，但是任何一位设计工作者，不可能随时随地携带计算机，而略微受过绘画培训的人，只要一支笔、一张纸，就可以在任何时候、任何场合中把大脑中的想法描记下来，表现为视觉对象。没有这些也行，拣一块石子，在地上也可以画。传说俄罗斯绘画大师列宾有一次赴宴，席间受人之邀，即兴绘一幅人物肖像。当时列宾没有带笔，便灵机一动将雪茄烟灰点到就餐桌的纸巾上，以手指代画笔、烟灰作墨，只见手指上下左右迅速移动，一幅烟灰肖像画诞生了。

（二）设计策略

概括来说，设计策略涉及产品生命周期（萌芽、诞生、成长、热销或鼎盛、衰退、淘汰或消亡）中的各个环节、主客观影响因素与条件。

1. 服务市场——产品设计策略的首要目标

设计是服务，服务就必须主动找市场、主动走入市场，从市场中去找设计。

今天的市场是“酒香也怕巷子深”“皇帝女儿也愁嫁”的市场。今天的市场经济已经不是仅凭质量好、价格优就能把产品顺顺当当地销售出去的。全球经济一体化与产品信息瞬间全球化的客观趋势是每一个企业必须面临的挑战。品质优秀的设计固然是产品赢得市场的必要条件，但主动走入市场，在市场的搏击中，以优质服务的宗旨做好市场，却是企业赢得用户的充分条件。因此，从事产品设计（工业设计）的技术人员，同样也要牢固树立市场的观念，尊重市场的规律，学习和掌握相关的知识和技能，包括广告宣传、品牌推广、维护保养、操作培训、售后服务、特定用户的回访以及同行的信息等，随时随地了解和掌握产品设计的国内外第一手资料，从而为相关产品的升级换代、为新产品的开发进行有市场依据的定位。

就售后服务来说，一般企业会认为，其作用主要是维持产品升级换代，建立长期客户群（回头客）的市场链，以及宣传扩张企业品牌。实际上，售后服务是企业寻求开发新产品巨大商机的最有效途径之一。任何产品都具有满足消费者一定需求的功能，也可能有许多功能，但总是有限的。而用户如何使用产品，在什么环境下使用产品，甚至不按照说明书上操作规范使用产品等，就会出现这些设计时没有考虑的因素。再加上产品的疲劳及磨损、材质的老化、非正常的外界干扰，产品会出现可以预见和不可预见的故障及损坏，乃至于伤害事故。所有这些都可以成为产品再进行新设计的依据。

当然重视售后服务、重视精心的服务、重视收集售后服务的反馈信息会增加企业额外支出。但是，换一个角度思考，企业将从维护修理的“琐事”中，发现现有设计的弱处和盲点以及产品真正的薄弱环节，乃至于发现市场潜在可以开发的新产品增长点。不重视售后服务，所有这些产品开发的“创意”在可以预见的和不可预见的未来过程中，都还是需要投资的，而且很大程度上是企业主观的“闭门造车”。特别值得一提的是，售后服务，尤其是上门服务，是与各种不同的消费者、消费群面对面、一对一的交流过程，可以听到、看到、收集到消费者对产品最基本、最重要的感受及要求，这是新产品开发最宝贵的信息。

因此，具有市场洞察力、善于从售后服务工作中审时度势的企业，必然会顺势而为，站在时代的制高点上，把握住未来产品创意设计的亮点。售后服务孕育企业创新的机遇。

2. 专利保护——产品设计策略的社会准则

《中华人民共和国专利法》中规定了专利的 3 种不同形式，分别为发明专利、实用新型（我国台湾地区称新型）专利、外形设计（我国台湾地区称新式样）专利。

从产品的主要特征来概括界定，发明专利是指功能或实现功能的内容（方案）

处于国内外首次的地位，如世界上第一辆两轮三脚架自行车。新型专利是指对现有的产品，在功能及实现功能的内容（方案）上有不同的方法，如单速链自行车、三挡变速链自行车、多挡变速链自行车等。外观设计则是指基本不改变产品的主要功能和内容，而只是改变支撑安装，以及结构、外壳、外形等，如 28 寸、26 寸、24 寸、12 寸不同轮径大小的自行车车型。

再聪明、再有天赋的设计师，其创意能力总是有限的。学习借鉴、模仿，甚至照样子引入他人产品的优点和长处，不失为一种实用有效的设计产品的准则。但必须明确地告诫自己，在产品方案拟定阶段，特别是方案确定后、正式实施投产之前，一定要检索是否有已经注册的、受到保护的类似产品专利。在知识产权统领市场竞争规则的当今时代，对此绝不可小而略之，而必须成为设计师、设计公司、企业的日常关注对象。举例来说，近年来，原来没有任何基础的我国环保技术和设备迅速崛起，很大程度上取决于一大批工业设计和工程技术人员潜心学习、认真检索了大量的日、美、欧环境领域的产品专利，自行研发新产品、新设备，从而使我国在这个行业的发展水平和技术与先进国家的差距大大缩短了。

3. 特色工艺——产品设计策略的品质保障

今天的生产设备和技术已经是“没有制造不出，只有设计不到”的强大的广义生产世界了。但是，先进的机器是否等于先进的生产？用最先进的机器一定能生产出第一流的产品？当听到西方国家的“为中国而设计（Design for China）”，号称只是为中国而专门设计生产极少数量，甚至单件制造业装备，而我们花费巨额资金购买的同时，是否就认为全世界最先进的装备唯中国“舍我其谁”？认为中国用这类装备所生产的产品顺理成章地也就“独此一家”了？事实上，可以看到的是，我们一次又一次耗费巨资去购买“独此一家”的装备，不是购买了人家的核心技术。几十年的交道打下来，应该清醒地看到，西方国家赚的是什么钱，不是装备本身，而是技术，是特有的装备工艺技术以及特种产品研发成果的某种应用形式而已。

现代化生产的运行、产品数量和质量的保障是管理、是规范、是标准，更是技术，是特色工艺。产品设计的品质保障靠的是综合技术和工艺，靠的是物流、工艺、批量、定制，靠的是标准化、系列化、通用化、模块化，靠的是反求技术、并行工程、柔性制造工艺、网络协同设计，靠的是现代数字化管理、数据编码解码的通用兼容，以及无损耗转换……其中每一个具体的条目，又可以展开为庞大的分支体系，都是企业竞争的特色所在。

以标准为例，有国家标准（GB），部颁标准——行业标准、协会标准、企业标准，还有国际标准。标准化是企业生产设备、技术、工艺的综合反映。一个企业要立足市场，制造数量多、质量好，受用户欢迎的产品，除了新产品设计创新、新市场开发等因素外，独特的工艺技术（包括生产工艺和装备工艺等）是企业的立身之本。特定的切削量、热处理保温时间、表面纹饰生成的工艺配置、红套的加热温度、轴承的预紧、调节块的修整精度，以及各种形式的快速工夹具等，都是企业的自主独特生产技术和工艺，是企业的"一招鲜"，一点也不夸张地说，是企业的生命。

加入世界贸易组织（WTO）后，我国同步引进了国际标准化组织（ISO）的标准，几乎所有的企业都以此为"尚方宝剑"进行整顿和考核，而忽视了自己几十年在实践中总结积累的宝贵的生产工艺技术，有的拱手让外方技术人员拿走生产工艺设计文件，甚至彻底放弃，还以为这就是与国际接轨，其后果可想而知。不重视自己技术传承的惨痛教训，以及国际竞争残酷的事实告诫人们："天上不会掉香饽饽""隔行如隔山""一招鲜吃遍天"。古人的这些警句在今天信息化时代仍然有其特定的含义及崭新的提示。

特色工艺是企业立足市场的平台和基础。作为产品设计师，无论是构建知识结构，还是扩展设计策略，学习、了解、熟悉、掌握企业和行业相关产品的生产工艺和技术，其意义和价值永远是主动和积极的。

4. 产品数据库——产品设计策略的竞争后盾

如果把工具（产品）当作武器来划分，人类发展历史，可以分为冷兵器时代（石器、青铜器、铁器）、热冷兵器时代（炸药、机械、电气、电子）、战略武器时代（制导、控制、信息）、核武器时代（超宏观、超微观）、生物武器时代（遗传、生物医学）以及创意武器时代（设计、规则、法则、知识产权）。

以上划分说明，重大工具及竞争运作规则起到了改变人类历史发展的里程碑作用。但是，无论是哪一种新工具之发明、新规则之制定，人的思维（创意、设计）始终起到关键性、决定性的作用。

纵观人类发展史，人类的转变有如下特点。

①从体力劳动向脑力劳动转变。

②由单个感知器官的感受向所有感知系统的综合体验转变。

③由简单机械的独立工具向高科技综合性的巨型系统转变。

④由日常随性感知事物向借助特殊工具才能认知世界的转变。

⑤由简单材料的具象描绘向综合不同材料的抽象表现转变。

⑥由长年亲身实践掌握专技的艺匠个人技能情趣展示向普及大众，通过教育、依托工业化表现工具、追随市场运作的设计工作转变。

⑦竞争由有形的具体物品向无形的规则转变。

⑧劳动价值由日积月累的算术叠加向一夜或者某个瞬间获得天文字数巨额财富的转变。

资本主义起始的标志性事件发生在英国，就是著名的“圈地运动”。创意转为经济价值的起始事件或萌芽点也发生在英国，就是1709年的《安娜法案》(*Anna Law*)，它是世界上第一部以保护著作权益为主体的版权法。虽然当年《安娜法案》与今天全世界公认的版权法（我国则融入《中华人民共和国著作权法》和《中华人民共和国商标法》两部知识产权法之中）已不能同日而语，况且当时世界上绝大部分国家和地区尚处于生产力非常落后的冷兵器时代，但其影响的深远性被1995年1月1日成立的世界贸易组织这个具有里程碑的历史性实践所佐证。

始终为了设计制造受市场欢迎的产品是企业一切工作的主体。今天的市场恰如毛泽东诗句“坐地日行八万里，巡天遥看一千河”的变化速度发展着。历史唯物主义告诉人们，任何一种受市场欢迎的产品只会盛行一时，不可能永久一世。产品设计不是闭门造车，而是围绕市场展开的，带有明显的功利性。随着全球经济一体化，“财富效应”会追随市场热销的产品数量和款式，在非常短的时间内，以“原子弹”爆炸式的量级连锁反应巨量膨胀，并吸引造就多数企业的短见行为，一窝蜂地仿制，以至于在很短的时段中，就造成产品积压，质量低劣，材料、资金、人力资源的大量浪费，这种教训何止一件两件。

在日益激烈的社会竞争中，人们看到了创新的巨大潜在价值，也认识到了思维是有价值的，思维就是财富。

产品设计要有危机意识，要面向未来，要有近观、中期、远景的设计规划，要制订面向未来产品数据库的战略规划。从这个意义上说，我国工业设计事业任重道远。

市场销售的是“第一代”产品，工厂生产的是“第二代”产品，而开发中心开发的是“第三代”产品，设计师赋予创意的是“第四代”产品。这种“销售—生产—研发—创意”可持续无缝链接的现代企业“产品数据库”发展模式，是远见卓识的企业长盛不衰的根本保障。

（三）市场需求与设计导向

1. 设计地位的显现

在国内有很多人会问到这个问题：“工业设计在我国什么时候才会真正得到重视？”

这里姑且不讨论这个问题本身就包含对市场调研和了解的不足以及片面性。从工业设计专业毕业生窘迫就业的情况来看，现今工业设计在我国企业和市场的受重视程度及其所发挥的作用确实是连差强人意都谈不上，尤其是与发达国家相比，差距是相当明显。

真正意义上的设计是历史发展到一定时期的产物，或者说，历史发展到一定时期，才会需要设计。俗话说开门七件事——“柴米油盐酱醋茶”。在农耕社会中，人们自给自足，日出而作、日落而息，这七件事都与设计无关，或者说设计的地位和作用微乎其微，设计当然不成气候。但是在工业社会中，机器是一切的依托和基础，性能好、速度快、易操作、变化多的机器必然受到市场的欢迎，况且，机器也是普及型、大众型产品，这就需要设计，设计也就登上了历史的舞台，并呈现越来越重要的作用。虽然农耕文明中的艺人、匠者对所做的生产工具也赋入了“匠心”，但属于个人行为，是师傅传徒弟的“私有”关系，因此只能归于手工程度的“工艺品”。工业文明中，设计师面对的大工业的集团作业、分工细化、流水线操作，设计师的设计则由后续的工艺师、工人、技术人员去实现“物化”，最终被市场和消费者接受和采用。设计师设计产品要考虑的是社会性的消费者，即大众，因此设计师的求学、工作等生涯必须融入社会，这是顺应社会发展特征的过程。

人们常说“衣、食、住、行”，那么，工业化大规模生产的背景下，“衣、食、住、行”哪一个行业离得开设计？然而有趣的问题出来了，衣、食、住、行各自的地位如何？人们每个月收入、每年收入在上述各部分上的消费各占的比例如何？会不会变化？所发生的变化又揭示什么新的社会属性和社会关系？概括而言，“衣、食、住、行”的消费比例对设计地位的显现，以及设计在社会发展中的作用与影响，是不是存在必然的关系？是什么关系？

早在 1857 年，德国统计学家恩斯特·恩格尔提出了一个定律，即随着家庭和个人收入增加，收入中用于食品方面的支出比例将逐渐减小，反映这一定律的系数被称为恩格尔系数，其公式表示为：恩格尔系数（%）= 食品支出总额 / 家庭或个人消费支出总额 ×100%。恩格尔定律主要表述的是食品支出占总消费支出的比例随收入变化而变化的一定趋势。随着收入的增加，在食物需求基本满足的情况下，消费的重心才会开始向穿、用、住等其他方面转移。一个国家或家庭生活越贫困，恩格尔系数就越大，反之，生活越富裕，恩格尔系数则越小。

国际上常用恩格尔系数来衡量一个国家和地区人们生活水平的状况。根据联合国粮食及农业组织提出的标准，恩格尔系数在 59% 以上为贫困，50% ~ 59% 为温饱，40% ~ 50% 为小康，30% ~ 40% 为富裕，低于 30% 为最富裕。

由于收入的不断提高，在满足“食”的前提下，人们必然会对涉及生活、工作、学习、娱乐等方面，不断有新的追求，追求的深度和广度也将不断发展，包括质量、品位、情趣、保健、投资，甚至深入到极端细节的程度，如美容、整容、护肤、换肤……然而，所有的这一切都是要通过有形和无形的“物”加以实施和实现。这里所说的“物”是人造的“物”，是需要设计的“物”。设计的地位就会显现，设计的理念就会普及。

恩格尔系数是在资本主义发展的早中期被提出的，意义深远，但也有其历史的局限性。今天的世界已经完全不同于19世纪中叶的情况，用恩格尔定律来评价今天的社会富裕贫穷状况，有片面性、不足性和错误性。不过恩格尔定律的历史地位及价值是毋庸置疑的，对人们认识设计的历史地位和作用也是具有极大的参考价值的。因此，也就很容易理解为什么设计，特别是工业设计（产品设计）在发达国家（也可称为富裕国家）普遍得到重视的缘故。重视设计，就形成了设计师职业得到社会推崇、尊敬，知识产权深入人心的风尚。

当然，产品设计（指工业设计范畴的产品设计）有其特定的含义及属性，如人机工程学、界面设计、消费心理学、关爱人改良设计等，探讨新方式、新领域、新环境的“造物、造型、造事、造势”，是关于人与人、人与物、人与社会之间“传媒”“载体”“工具”的设计。特定的含义及属性，也是工业设计能成为有别于诸多其他科学、工程、人文、艺术学科的有一定年数但依然崭新的学科和领域之根本。

2. 设计是不是生产力

没有人会怀疑，设计是一种劳动，并且是知识产权范畴的高级形态运动、创新性劳动。

对应于“政治经济学”范畴的生产力三要素——劳动者、劳动工具和劳动对象，实现产品设计（工业设计）的工作或者系统也至少有3个要素——设计者（设计师）、设计表现工具（手绘工具、计算机工具——CAD、模型以及样品制作工具）和设计对象（产品）。

现代知识产权主导的社会发展特性表明，在生产力的物的因素和人的因素的发展变化中，融合科学技术和人文艺术的设计（包括产品设计、平面设计、环境设计三大领域）起着越来越重要的作用，彰显了越来越关键的地位。设计理论和知识凝结物化于生产资料中，使劳动生产率、产品性价比以及产品受市场的欢迎率大幅度提高。设计理论、方法与知识在社会发展中的普及会大大提高设计者（劳动者）的技术文化艺术的修养和水平，从而转化为更丰富的设计和生产经验，并不断更新设计技能、提高设计能力。不断发展的计算机辅助工具（如CAD/CAM/CAE）为设计师发挥的生产力作用及其意义也在不断发展。以知识经济为主导的现代生产力和生产关系、经济基础与上层建筑的社会关系综合，决定了社会关系的新特点，社会生产力越是高度发展，设计的指导意义和作用就越来越迅捷地转化为直接的生产力，社会发展对设计的需求度也愈来愈高，设计则变成人类社会不断发展的强大物质手段。

设计能力是软实力、无形资产。产品设计是知识经济时代物化的典型代表。科学技术对现代产品设计的作用越来越大，现代产品设计对科学技术的依赖也越来越重。

设计是不是生产力，只是编者在工业领域十几年教学、科研、理论和实践探讨中的一个基本思考，希冀抛砖引玉。作者坚信，这个基础命题的探讨（无论结论是否成立），对工业设计在我国的发展、普及，在国民经济新一轮发展中（包括更长远）的地位和指导价值，特别是发展方式转变，对知识产权在我国深入人心，其作用和意义将是深远的。

3. 市场需求与设计导向

今天，产品不是仅凭质量好、价格优就可以顺顺当当地投入市场、销售到用户手中的，全球经济一体化与信息瞬间全球化是任何企业必须直面的挑战和机遇。

合理的设计是产品赢得市场的重要工作。主动走入市场、在市场中搏击、积极地做好市场也是产品设计和企业赢得市场的重要工作。市场的需求就是设计目标，未来的需求更是目标。那么，什么是市场？如何寻找市场？如何赢得市场？如何做未来的市场？产品设计人员要有市场营销人员的头脑和嗅觉，牢固树立市场的理念，重视品牌、销售、售后服务、维护保养、产品博览会、网络等各种直接和间接、有形和无形、实体和虚拟的市场，力争第一时间掌握产品设计的第一手材料，重视概念设计等开发未来产品、创造未来产品市场的前瞻性工作，重视抢占产品开发知识产权高地的工作。

市场需要什么样的新产品，一般不会是设计人员坐在计算机前苦思冥想的结果。而实践中不经意的一件小事中，可能就蕴藏巨大的市场。例如，我国欣欣向荣的轿车产业已在GDP指标中占据主要的比重。近十年来，经过国民普及化的初级阶段，消费者对车辆的性能、外观以及定制内饰有更新、更高、更综合的需求，也就是进入了个性化消费的中高级发展阶段。这种新的市场需求及趋势，从一个角度来理解，对汽车设计制造企业提出了更高的要求，但从另一个角度来看，是新的更大的商机。我国地形西部高、东部低，有纵跨寒带、温带、亚热带、热带的各种气候地区。西部有全世界海拔最高的青藏高原，东部是错综复杂的沿海地形。潮汐、台风、沙漠、潮湿、干旱、高温、极寒这些世界上用于汽车性能测试的气候地质环境在我国几乎都有，挑战地理极限的“达喀尔”汽车拉力赛的恶劣路况，完全没有问题。我们应该珍惜这块无比宝贵的国土，应该也必须在不远的将来设计制造出最先进的车辆。

图 4-3 所示为两款形态与人们所熟悉的差异甚远的飞行器，不仅对我们开发下一代的飞行器有直接的作用，而且对如何设计未来的汽车也有间接参考意义。因为从运动学的角度出发，飞行器与汽车同属空气动力学的研究对象。在人们习惯了飞机一般外形的观念中，奇形怪状的飞行器对改变固有思维，回归深入航空的基本原理，兼具考虑满足特殊需求的领域，十分有意义。实际上，人类对空气动力学的认识，远远没有想象的那么精深，由此出现的各式各样的飞行器，实在不足为怪。

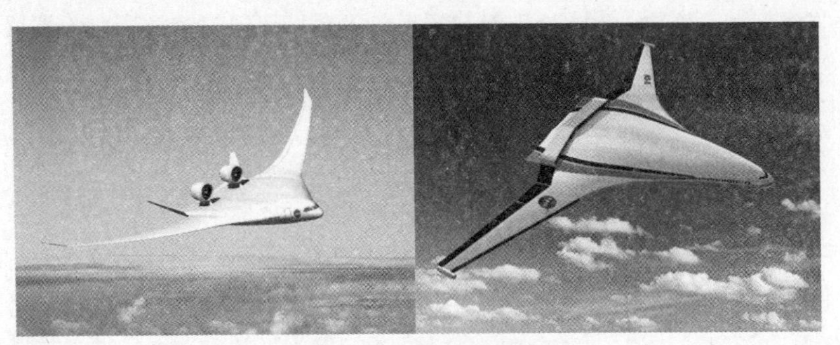

图 4-3　各式各样的飞行器

然而，令人遗憾的是，许多企业只是把双眼紧盯在现实的市场，看到市场什么产品热销，就一窝蜂地仿效上马，以为这就是抢商机。其结果，必然造成产品积压、低品质竞价，造成设备、资金、人力资源的严重浪费，严重影响了 GDP 的“含金量”。

社会责任感是产品设计师的“世界观”。通过产品设计，积极创导绿色、环保、节能减排、低碳理念，是设计师应该也必须具备的职业理念和素养，从而杜绝重复上马、低水平制造、盲目追从市场的“跟风”产品。设计师应该牢固树立“人无我有、人有我精、人精我变、人变我新”的勇气和雄心，引导市场、主导市场、创造市场，提升质量、拓展品牌、制定标准、构建自主知识产权体系以及持续发展的平台。

设计产品引导市场应注意以下几点。

（1）快速反应

针对日新月异的市场，现代企业制度和体系必须拥有快速响应的机制和措施，包括研发设计、制造生产、运输销售、培训维护，特别是在很短周期内的产品快速设计生产销售“一条龙”的体制（如 CAD/CAM/CAE）。

（2）知己知彼

《孙子兵法》曰：“知己知彼，百战不殆。”其精髓不仅适用于兵家军事，也适用于市场竞争，同样也适用于产品创新设计。

引导市场做到知己知彼。要实现：其一，及时、充分、全面地掌握市场中相关产品的消费群、款式、热销的品种、反馈信息，以使改良的产品更具有主流性和大众性；其二，掌握国内外其他同行的产品特点（包括优点和缺点），从而使自己研发的新产品更有前端性和代表性。

（3）售后服务

从发展的角度来看，企业应该把售后服务与产品研发放在同等重要的地位看待。售后服务是与各种不同消费者、消费群面对面、一对一的交流过程，可以听到、看到、收集到消费者对产品最基本、最重要的要求。产品研发设计人员也应定期深入市场和用户中，获得产品故障或缺陷最直接的数据及案证。售后服务孕育着产品创新设计的机遇。

（4）瞄准未来

分析市场的发展规律，从社会、经济、文化、流行、风格、最新科技成果产业化，以及同行新产品开发计划等，制定企业自己面向未来的产品设计决策方向。引领市场是企业做大做强、走国际化道路的必然方向。

（5）知识产权

知识产权包括企业所有设计产品的专利申请程序，也包括未来产品设计的方案（意向也可以）。须知，“知识圈地运动”已是企业和产品在今天及未来市场竞争、占据市场高地的主要手段和方式，是中华民族立于世界之林的基础保障。正所谓，设计必须“胸怀祖国，放眼世界”。

（6）概念设计

概念设计是对未来产品的探讨、预测、假想，是企业未来产品的规划。概念设计也是对市场发展的引领和引导。从企业良性发展的角度出发，概念设计具有激励、振奋的意义和作用，尤其对有表现、张扬、发挥个性的设计师来说，概念设计创造了施展其才华的空间和平台。

第二节　产品设计的文化传承理念

一、袭古厚今与构建文化

文化也可以解释为人类利用自己的大脑与双手所创造的一切财富（物质和精神）。设计是“造物”活动，即是人类物质文化和精神文化的创造活动。

工具和产品是人类社会从远古发展到今天，人与自然、人与人、人与社会、社会与社会之间，对抗、改造、调和、交流、沟通、传达、发展等的必然之需要，而担负着工具和产品的创造的职责正是设计，工业革命以后称之为工业设计。广义上的设计还担负着平面设计（传播设计）和环境设计这两大职责。

从古时候的一代又一代工匠、接力传承的手艺者到工业革命后大批出现的产品制造技术人员，以及今天掌握现代“文—理—科—工—艺”综合知识和技能的产品设计工作者，正是他们创造了一个又一个不同功用的产品、一批又一批系列产品。产品的应用遍及地球各个角落，其中有小到纳米尺度的机器人，大到周长27km的欧洲大型强子对撞机（Large Hadron Collider，LHC）。设计使得今天的产品，无论在数量上、功能上、质量上、使用操作便捷宜人程度上，都是古人所望尘莫及的。设计真正成为现代文明社会的物质财富和精神财富的最重要的推动力。

需要强调的是，今天辉煌的物质和精神财富是人类在社会发展过程中不断构建的结果。

美国俄亥俄（Ohio）州的坎顿（Canton）镇人口不到几万，大概没有多少人知晓。但提起铁姆肯（TIMICEN）轴承，从事机械和装备工程的技术人员几乎无人不知，坎顿镇就是全球轴承制造巨头TIMKEN总部所在地。坎顿镇轴承博物馆陈列着希米·铁姆肯发明的世界上第一个圆锥滚子轴承（Taped Roller Bearing）的样品，以及100多年来TIMKEN设计生产的各种型号滚动轴承及相关附件，更奇异的还有以轴承为造型元素的形形色色的艺术作品。非常值得一提的是，在2006年举办的“The Art of Engineering（工程艺术）”国际设计竞赛中，上海大学工业设计专业虞世鸣老师指导本科生洪源、王莉雯的两套设计作品获得第一名，也被收载入此博物馆内。坎顿镇还有几十家不同行业物品的博物馆、陈列馆、家庭收藏室，成为该镇历史文化真实写照的“见证人”。每个坎顿镇的居民都为有如此厚实丰富的历史（实物）而自豪，并为之进一步的构建而努力工作。

产品博物馆同样也是设计工作者研发未来产品的最好参照平台，是分析未来产品周期、产品族群、产品系列的最具活力、最生动的实验室。更重要的是，对一个企业、一个小镇、一个城市、一个国家来说，产品博物馆还是企业服务社会，向公众，尤其是向青少年宣传祖国优秀文化、珍贵遗产、民族工业发展历程的最好教育基地之一，是造福千秋万代的善举。在坎顿镇，所有的博物馆对公众全都是免费开放的。

正是袭古厚今、兼收并蓄世界其他文化，四大文明古国中，只有中华文化延绵不断地构建传承到今天，形成悠久渊厚的人类文化宝库。中华民族也在历史上的无数次危急中，挺立不倒、百摧不垮，巍然屹立在世界民族之林。这对发展有中国特色的产品设计事业，具有深刻的启迪意义。

然而，也有无数的遗憾，甚至痛心之处。今天 45 岁以上从事（过）装备制造业工作的技术和生产工作者都知道，C620 车床是 1958 年我国独立自主自行设计研制的普通车床，20 世纪六十至八十年代初曾经在全国各个机加工车间担当车切削加工的重任。然而，今天到任何一家央企、国企的制造厂车间去看，还有没有保留下来一台 C620？当然，从生产性能上来说，C620 的确不能胜任今天的加工要求，但从技术文化遗产（也有的称之为“工业遗产”）的角度，就完全是另一回事了。

再进一步思考，国内有几家企业有如此的理念，保存了企业建立以来的所有（或主要）典型设备？图 4-4 所示为在 C620 基础上开发制造的 CA6140 车床。在 C620 基础上，我国科技人员自力更生、奋发图强，于 20 世纪 70 年代研发的 CA6140 普通车床是冷加工生产中的主力设备。

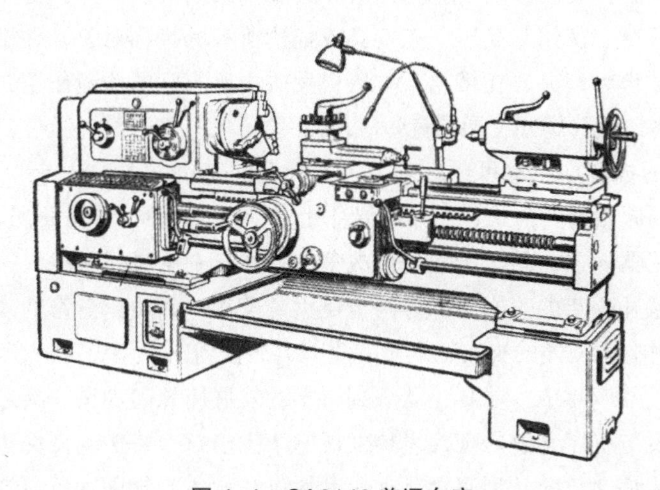

图 4-4　CA6140 普通车床

历史，尤其是产品设计发展史，不应该只是存留在书本中的文字、电影里的故事、显示器上的虚拟真实、老一辈人口中念叨的“往事”中。产品设计发展史应该主要由反映历史背景的真实的系列实物构建组成。完整的产品实物史对理解设计、分析设计、掌握设计、设计创新，对培养设计的信念、培养职业的自豪感，可以达到任何书本和课堂教育所不能企及的功用和效果。

文化的构建是传承的构建，文化的发展是传承的发展。设计的发展必然也是不断构建传承的发展。袭古厚今同样也是产品设计可持续发展的指导思想。

二、良性竞争与文化传承

设计是一种创造物质财富和精神财富的造物活动。产品设计的服务主体或对象是社会和市场中的广大用户。产品要通过市场这个特殊的平台向用户进行销售，才能实现其社会的功用及价值，当然也包括获取利润。有利润就会必然产生吸引其他企业的逐利行为。利润是市场经济一切活动的主要特征和动因，而促使市场经济不断发展的行为就是竞争，具体来说，就是资金、人才、装备、资源、科学技术、文化、设计等的竞争。

如果把产品比作“武器”，人类历史也可以用“武器”来划分，有天然材料武器时代（如石器、木器、竹器等）、冷兵器时代（如弩、矛、刀、戈等）、热兵器时代（如枪、炮、炸药等）、电子武器时代（如雷达、导弹等）、核武器时代（如运载火箭、原子弹、卫星）、生物武器时代（如物种嫁接、转基因、克隆以及相关的技术、仪器、设备等）、规则武器时代（如知识产权、专利、反倾销惩罚等）。本书中，已经第二次用“武器”来定义或描述所有的指称对象，是想强调在科学技术主导下的设计产品，在推动人类历史发展中所起到的关键作用，也想展示促使人类历史飞速或跨越式发展的竞争“产品”“手段”“方式”的轨迹。

从上面的描述中，也可以发现，人类社会的竞争方式方法是从“靠山吃山、靠水吃水”的原始自然方式，发展到混乱无序、你死我活、非此即彼的体力较劲、兵器比技、武器撞击，乃至于大规模战争的，如第一次世界大战、第二次世界大战。这些跨越几千年的悲剧史都伴随着巨大的资源、人员、财富的破坏、死亡以及耗竭。面对血腥残酷的史实，人类一直努力想重新认识历史上的竞争方式方法，但也只是在近几十年中，才真正认识到科学的发展应该是和谐、共赢、共生的发展。和平发展与有序竞争是现代世界发展的孪生姐妹，是实现良性竞争、构建世界新秩序、传承文化的新型理念。现代良性设计竞争是规则竞争、规范竞争、有序竞争，是知识智慧竞争，是为世界认同的民族文化竞争。因此，坚持构建、传承有民族特色的文化，其中担负具体造物活动重任的产品设计工作者应该且必须引进并融入当代及未来设计竞争的新型式、新方式、新方法。

在商品社会中，设计竞争的最终目的毋庸置疑也是为了获得利益和利润。然而，必须清醒地看到，我们在发展的同时，别的国家也在发展；我们在设计新产品的同时，别的国家也在设计。

放眼而言，要实现“创新大国”“设计大国”跨跃式发展，实现 2050 年强国的目标，有两条路可选。

其一，就是不断购买他国的最新技术、产品、工艺的专利。表面上看，走这条路，世界上最新产品可以在中国的大地上到处“开花”，乃至“结果”。但是技术不是我们的，最大的利益、利润也不属于我们，且最大的问题是涉及知识产权的技术核心及发展权利不属于我们。改革开放40年，我们已经深刻“尝遍”了其中的酸甜苦辣。

其二，学习先进，自己研发。这条路，才是我们走向强国的正确道路。构筑这条路基础且关键的几项工作如下所述。

①谦虚认真地学习国际上先进科学技术，学习先进的产品设计理念和方法。可以通过“请进来、走出去”的途径；可以通过独资、合资的合作方式；可以高价购买全套的技术专利；可以合作研究开发，等等。所有工作都是百年大计，都是基础，都是前提，都要做详细科学的调研、分析，以及不断修正的规划和决策工作。

②重视设计教育的育人育才基础性工作。教育绝不是急功近利的市场交易，高等教育也绝不是单单以毕业生就业签约率，就可以非常短视地来衡量评价一个专业办得好与不好、成功与否的竞技场所。

国际上有一个共识，教育的效果是要看30年以后才可以评说。事实上，全世界所有诺贝尔物理学奖、化学奖获得者，他（她）们获奖的年份与获奖成果所提出的年份（一般以论文发表时间标定），其间的跨度也在30年左右。

现代意义上的工业设计被引入我国，也只有一二十年的时间。今天，工业设计对国民经济发展的意义和作用，工业设计对第三产业的意义和作用，已获得普遍的认可。工业设计对日本、韩国的近半个世纪经济腾飞的作用和意义已是世界津津乐道的话题。日韩经济奇迹与工业设计教育的普及及坚实基础的构建不无关系。

“罗马不是一天建成的”，欲速则不达，我们对工业设计教育的育人和育才，不应该是“强心针”“立竿见影”的急功近利，而是应该放眼未来的战略目标，放眼更远的中华民族成为文化文明的世界强国的未来。

只要认认真真、踏踏实实地做好工业设计教育的每一项工作，“开鲜花、结硕果”将为必然的未来，这同样也是文化传承的一项伟大工程。

③重视对跨续时间段的系列产品、品牌、企业的研究。一个产品热销一时，固然可嘉，但持续得到市场认可的产品方才不易。如果相关成套系列的产品成为市场的主流，则值得敬佩和敬重。

从钟表诞生开始，瑞士的手表纵跨几百年，一直是国际上该产品家族的主流产品，且瑞士不同生产商的各品牌定位各司其职，英纳格（Enicar）、浪琴（Longines）、奥米加（Omega）、罗莱克斯/劳力士（RoIex），始终是市场不同消费群的不同首选。

“坐奔驰（Benz），开宝马（BMW）”是有车族耳熟能详的广告词，是企业的品牌、品味、品质深入人心的“代言顺口溜”。

现代产品文化、品牌文化、企业文化包含对人类社会可持续发展的基本责任及义务。日本是一个人多、地少、矿物资源几乎为零的多岛窄长条国家，因此节材、节能、环保、可循环再利用是产品设计的始终概念，也上升为国策。日本人的轿车寿命以极其严格精准的行驶千米数为界限，超过这个值必须淘汰。根据产品生命周期的规律，车行驶到一定的千米数时，车上多数零件的性能严重地下降。以表面上看，一辆由上万个零件组成的运载产品能多开些千米不是更好、更节约吗？其实不然，过了安全千米数后，车况、耗油、尾气排放质量、安全性能都会出现问题，甚至潜伏致命的诱因。因此，这样严格的行程数淘汰策略、产品召回政策，实为上策。图 4–5 所示为汽车复杂内部构造效果图。一辆汽车内，通常有一万多个零件，其中任何一个零件的质量不佳，或安装不可靠，都将导致使用的效果不佳，甚至影响产品的性能以及人员的安全，也会影响企业的品牌。

图 4–5　汽车复杂内部构造效果图

在每年的国际印刷包装机械博览会上，日本生产的四色、六色胶印机，以其外表颜色清淡而成为行业的一个热门话题。涂漆颜色，特别是合成漆（树脂）中含有许多化学元素，且颜色越鲜艳，越厚重（深），含铅等重金属就越多，对环境潜在污染破坏的可能性就越大。坚持几十年不变的清淡色为主体的日本印包机械所坚持的正是这种环保的文化传承。

设计竞争的实质是向世界输出文化，是民族文化向世界文化的传达、交流与兼容。在创新设计中，遵守知识产权规则，放眼长远，潜心基础工作，传承文化，融入国际文化发展的主流理念，才有可能设计世界级的产品，才能建立世界级的品牌。我国古人“取法为上”的追求境界也是今天产品设计工作者值得效仿的追求境界。

三、文化载物与天人和谐

设计是造物活动，设计的结果是创造出产品。产品的最基本功用是辅助、延伸和替代人的四肢以及大脑（也包括五官）。除此之外，产品还是人与人之间、人与社会之间、人与自然之间传递文明、交流文化、构筑生态世界的最直接、最实用、最方便的载体或途径。

回顾历史，产品也总是或多或少地印记了制造产品年代的文化特质以及标记元素。比如，仰韶时期的双耳尖底汲水罐不仅兼具打水、提担、烧煮、祭祀等多项功能，也是印记五千年前华夏先民利用泥土制坯烧陶文明活动的活化石。

产品也是影响民俗、民风、民间习惯形制以及发展的重要载体。考古记载，从商周开始一直到隋唐，延绵几千年中，条、案、几（产品）一直是我国古人的主要家具，极大地影响了席地盘腿而坐的习俗以及相关的礼仪，对笔墨纸砚用品的形制、书写方式亦产生重要的影响。唐代国运昌盛，国际交流商业通衢，从西域（今中亚地区）引进了大量奇特的生活用品、工艺品、礼品。其中就有交椅，这种源于马背民族的一种日常坐器，经过许多能工巧匠的改进，创造和派生出形形式式的凳子、椅子。最终从宋代开始，贵族和百姓改变了几千年的席地盘腿的坐姿。又过了两百年，一种结合中国传统论资排辈、三纲五常文化内涵和礼仪、为世界叹服的明朝官帽椅、圈椅登上了历史的舞台，成为文化里程碑的产品，成为中华民族为人类做出巨大贡献的一个标志性产品。今天全世界著名博物馆几乎都以收藏明朝的官帽椅作为中华文物的代表。

唐朝鉴真和尚东渡扶桑（今日本国），不仅是弘扬佛法，也带去了许多中华文化代表性的器物、工艺品、礼物。今天，条、案、几、和服以及奈良和京都的唐代建筑（当然包括飞檐和斗拱）仍然是日本民族的日常现象，也成为日本民族引以为豪的产品。

改革开放后，国人走向世界，走向的是一个崭新的世界。当年出国回来的人们带回来的是“高档”收录机、彩电、冰箱、瑞士钟表。面对这些，今天的青年当然无法理解，因为这些每天司空见惯的日常用品，在20世纪七十年代，国内的任何一个国营商店中都是稀罕之物、昂贵之器，不出国的人需要凭人民币兑换券及许可额度，才能购买。当年，伴随这些产品而来的还有国外的先进科学技术，以及印刻在产品上的别国文化。值得一提的是，工业设计也是从国外引入的新型学科领域。

产品在实现其功能的同时，也在改变和创造新的文化文明，创造新的生活、学习、工作、娱乐的理念和方式。但是必须指出的是，产品也会破坏文化、破坏文明、污染环境、破坏生态、危及人类、威胁并毁灭物种。人类制造的钢铁可以用来生产上千米高的摩天大楼的钢筋结构件，做日常生活的各种工具器皿，也可以用来制造枪、炮、核武器，成为害人的武器。面对以无数生命为代价构建的人类社会发展史，人类才开始客观真正地思考过去，思考战争、细菌、病毒、环境破坏、物种消失、海平面上升、不可再生的自然资源被疯狂掠夺以及频繁出现的传染性极强的新型病毒……除了其他原因，人类也认真思考产品设计的意义和作用，思考在人类文明发展中，产品设计的积极意义、消极意义，乃至于破坏意义。

产品设计、产品设计师的知识结构中，应该也必须包括公信课目、社会责任感的课目。作为可持续发展的有形状的物化载体，产品设计的目的以及宗旨是发展文化、发展文明，发展以人为本的文化，发展保护自然保护生态的文化，发展传承自然和人类文化遗产（包括物质和非物质）。产品设计的目的及宗旨更是实现和达到这样美好的境界：人与人之间的和谐；人与社会之间的和谐；人与自然之间的和谐。

三千多年前，站在不知名山巅的华夏知识分子仰天俯地，观叠叠嶂嶂的山峦，呼喊出“天人合一”的长叹，揭示了地球这颗太阳系中最美丽的星球，在其漫长演化进程中最简单又最深刻的真理。“天人合一”应该成为今天产品设计师的座右铭，所设计创造的产品用以传载文明，才能不辜负古人的厚托，也才能传给子孙后代一个更美丽的世界。

图 4-6 所示为应用磁悬浮原理制作的地球仪，虽然是一件“小”产品，但透射和传达着一种坚定不移的亘古信念。

图 4-6　磁悬浮地球仪

第三节　工业信息化时代的设计创新理念

一、工业信息化时代的创意理念

2008 年 3 月 11 日，国务院宣布成立工业和信息化部（简称“工信部”）。机械工业部，曾经是我国最大的一个部，包括重工业、核工业、航空工业、电子工业、兵器工业、船舶工业、航天工业、导弹工业八大部门，是经过半个多世纪的发展，构建的一个现代工业的完整体系。为什么在跨入 21 世纪不久，将其改名为工业和信息化部（当然还包括原来的电子信息部）？它与国际的相关产业发展是什么关系？其现实意义，尤其是战略意义是什么？它对设计提出了什么新要求？工业和信息化的合并，代表了新的发展和新的历史，也标志着新的工业特征。那是什么特征？设计如何与此新特征相一致、如何促进其发展？当然也会决定产品创意的方向和宗旨。

二、工业信息化时代的特征

（一）工业信息化标志时代的特征

打开中华人民共和国工业和信息化部网站，常规的链接目录有 32 块，涵盖了工业和信息化部的主要职能和职责范围。人们可以从中浏览、知晓、掌握国际工业和信息化的最新政策、方针、内容等。工业与信息化的捆绑，不仅仅是工业借助网络数字化这一代表新时代的技术平台，更是传播一种全新的理念，即现代工业与信息化是相辅相成、相促相进的一体化事业。工业信息化代表着时代的特征。

（二）网络数字化

简单来说，网络就是用物理链路（由服务器、路由器、网络传输接受载体、终端等组成），将各个孤立的工作站或主机相连在一起，组成数据（一般为数字编码形式）连接网，从而达到数据资源通信和共享的目的。就工业领域而言，无论是互联网还是局域网，都搭建了广义的基础平台，为并行工程、远程技术会议、协同设计、设计 / 制造数据转换兼容、广义物流信息共享（包括资源信息、材料信息、人员信息、产品加工信息、销售信息等），以及创意 / 草图 / 效果图 / 技术设计 / 数字加工 / 虚拟产品 / 样机制造的一体化，扫清了不同工作之间的任何障碍。而蓝牙、3G 的新通信协议规则，使上述所有工作可以通过远程一台终端设备（如台式计算机）实现全部的控制和监测，而这台计算机与加工产品的数控机床相距可能有几百千米、几千千米。也许互联网（Internet）的创始人也绝不会想到它能发展成这样的规模和功用。当然，互联网未来是怎样的面貌，对产品创意设计的影响终极目标如何，今天的人也很难预料。

（三）机器人

20世纪的八九十年代，受到国际上机器人新技术的影响，国内不少高校相继成立了机器人系，也闹出了不少笑话，机器人专业毕业的学生应聘工作自我介绍时，很自豪地说："我是学机器人的。"但得到招人单位的答复却是"我们厂（公司）是不做机器人的"。直到今天，国内（国际上也常见）没有一家专业生产机器人的企业。这种概念性初级误解，随着"机器人专业"改名为"机电一体化""机械工程与自动化"而自然得到纠正。

但是，机器人是什么？机器人代表着什么？以机器人为抓手，其所涉及的相关行业或领域又是什么？机器人对国民经济其他行业以及人们日常生活将产生哪些影响？从工业设计的角度，机器人的设计又是什么？研究制造机器人的目的，是否就是为了生产出几个会走路的二足机器人？会跳舞的机器人？会踢足球的机器人？日本是全世界高额投资机器人研究，并能批量生产系列机器人（机械手）的少数几个国家之一，但在日本的大街小巷，却几乎见不到机器人。那么日本耗用巨资研发机器人究竟是为了什么？答案之一，就是控制系统以及机构执行件。机器人是涵盖现代控制系统的几乎所有高精尖技术的综合领域，包括传感、通信、编码解码、信号处理、数据转换、模式识别、伺服系统模块、执行单元等。每年，大量的传感器控制单元、模块、部件、仪器仪表，就为日本赚取了许多外汇。例如，三菱、欧姆龙、松下等品牌的PLC（可编程序控制器）都是当前市场的主流产品（顺便说一句，这就是性价比高的产品）。

现代工业设计的主要服务对象——家电产品，或多或少、部分或全面地包括了控制元器件。例如，以CMOS感光成像材料为芯片的数字照相机以及图像处理软硬件技术，给产品设计无论是功能还是造型都带来了前所未遇、可以无限想象的机遇和空间。然而，传统机械式照相机的形态，仍然是数码照相机造型的主要参照。在数码成像几乎一统当今的产品中，经典样式的照相机形态和功能，却是高档数码照相机（专业机）复制的主要样板。

（四）巨型装备（制造业）产品

2005年7月，注册资本为10亿元人民币的上海电气临港重型机械装备有限公司成立。这是中国制造业历史上具有里程碑意义的大事。在纳米微型机械技术影响和改变我们生活的同时，巨型系统是人类正在开拓和发展的另一个极端方向，超大、超重、超高速、超临界的装备产品一个一个诞生出来。大跨距悬索桥、海底隧道、超容量万吨轮用的曲轴、90 万千瓦以上核电站装备、超临界汽轮发电机（图 4–7）、大型风电机组、轨道交通设备、万吨级以上的液压机、十五米以上孔径的盾构机（隧道掘进机），等等，一个又一个“巨人”，相继从临港基地走出来，成为我国装备制造业的新形象代表。

巨型装备（制造业）产品，代表着巨大的商业利润和利益（如一套轨道交通机车组价值 1 亿多元人民币），是发达国家重点投资研发的产业，并且其中的大份额是用在知识产权的方面。我国发展相关行业，任重道远，当然也在功能、人机交互、操作使用、维护保养、产品语义等方面，给技术设计和工业设计提出了全新的课题和挑战。

图 4–7 所示的超临界汽轮发电机组，虽然是具有战略意义的基础装备产品，但在激烈的市场竞争中，仍然要不断创新，包括功能、结构以及外形。

图 4–7　超临界汽轮发电机组

本书以临港重型装备基地为例，是说明经济和社会发展中的新型、异型产品族（群）现象及特点。其实，类似的产品族（群）不胜枚举，如商用车产品族、家用车产品族、IT 产品族、LED 半导体新型光源照明显示灯具产品族等，需要产品设计师分门别类，深入现场调研探索，才能进行创意创新工作，才能开发设计出与时代发展相匹配，甚至引领市场的高性价比产品。

三、工业信息化时代的设计

工业信息化时代特征决定了创意设计的主题和宗旨，创意设计应该为工业信息化时代的一切工作服务。

有一种新的观念：建立企业信誉的是质量，建立企业市场的是品牌，建立企业未来的是标准。在工业信息化时代，设计的内涵和外延已经绝不是传统意义的定义范畴了。

四、工业信息化时代的发展

不断满足大众日益增长的物质和精神需求，是工业信息化发展给人类带来的最大福祉。当代工业信息化的发展有许多新领域、新方向，当然也包括经典永存的基础环节，其结合网络数字化技术，呈现前所未有的装备制造业“国之重器”的价值和作用，包括以下几方面。

（一）重要内容和领域

①“四化”。现代工业信息化的“四化”依然是标准化、系列化、通用化、模块化。“四化”是工业信息化发展的技术工艺的保障，其作用和意义为：

第一，是大规模、大批量、定制生产的基础；

第二，是高产量、价廉物优、节能减排的基础；

第三，是不同领域、不同行业产品零部件、构件、装备之间通用互换的基础；

第四，是设计文件通用、数据兼容、无缝转换、通信共享的基础。

特别要强调的是，“四化”已经成为现代装备制造业、工业信息化抢占自主知识产权制高点的重要竞争手段和方向，这必须引起我国设计工作者的关注，必须深入到企业未来产品的规划中。

②超高速和超低速。

③纳米技术与航天工程。

④柔性制造和敏捷系统。

⑤虚拟仿真和数字化加工。

⑥微型机械与巨型装备。

⑦“四新”，即新技术、新工艺、新材料、新领域。

需要说明的是，②～⑦主要内容更多的是涉及现代工业的领域及技术，虽然与工业设计有着千丝万缕的联系，但限于篇幅，本书不做展开，读者有兴趣可以参阅相关的书籍或文献。

（二）并行设计和反求工程

并行设计是一种对产品及其相关过程（包括设计、制造、装配等过程和相关的支持系统）进行并行和集成化的设计模式，要求产品的设计者，从一开始就要考虑产品整个生命周期（工艺、制造、装配、检验、销售、使用、维修，一直到报废）的所有环节，通过建立产品生命周期中各个阶段性能的传递和约束关系，追求生命周期过程中的性能最优，从而减少产品开发的重复，提高质量，缩短周期，降低成本。

与并行设计密切相关的一个领域是并行工程，是计算机集成制造与并行设计相结合的产物。并行工程的一般英语定义为“A systematic approach to the integrated，(parallel) design of products and their related processes，including manufacturing and Support”。

反求工程也称为逆向工程 (reverse engineering)，指用一定的测量手段 (接触式、非接触式)，对实物或模型 (如车模) 进行测量，借助离散点插值逼近方法，将测量数据通过三维几何建模方法重构实物的CAD模型，再使用快速成型、数字雕刻机等技术和设备，将数字化模型信息加工成实物样品，并在此基础上进行产品设计开发及大规模生产。

并行设计和反求工程彻底改变了人类长达几千年的产品设计方法和制造模式。

（三）市场规则

现代工业信息化社会竞争与发展相辅相成。发展是目的，竞争是手段，竞争是发展的前提。和谐的竞争和发展需要交流沟通。市场是交流、对话、竞争的舞台。竞争包括政治竞争、科学竞争、技术竞争、文化竞争，还包括规则竞争。然而，综合所有的竞争，最能体现企业技术、工艺、品牌、无形资产等一切实力的代表，是投入到规范市场中竞争的产品。

今天的市场是国际性的市场。开发新产品，除了必需的功能、形态等创新工作以外，设计人员和企业绝不能夜郎自大、闭门造车，而是必须遵守市场规则。可以毫不夸张地说，现代市场运作完全是由规则主导和激励的。市场规则涵盖的内容很多，包括发明专利、实用新型专利、外形设计专利、著作权和商标权、世界贸易组织 (WTO) 成员国的权利和义务、国民待遇、反对贸易壁垒、反倾销、反垄断……

设计人员应该充分、全面、主动、辩证地认识和掌握市场规则。

第五章 多元文化下产品创意设计的表现方法

第一节 特殊产品设计的创新表现方法

一、多元文化下产品设计的造型创新

（一）产品设计的形式美法则

美学是关于美的研究的科学，这是一个宽泛的领域，至今没有一个固定的概念，但对于产品设计来说，美学是通过总结人们生产实践过程中对“美”的共同认识规律，并依据这些规律创造出符合人类审美观的造型设计的过程。产品美学只有达到内容与形式的统一、功能与造型的统一，才能真正给人以美的感受。产品设计的美学法则包括如下几方面。

1. 造型的统一

统一性在产品造型设计中非常重要，它通过相同设计元素的反复运用，给人以稳定、确定的产品形象，还能给人以视觉上的宁静感。造型元素的统一性广泛应用于同质产品的设计中，如手动工具设计具有共同的符合该类别产品的造型特点，这在设计上称为有共同的设计语义特点。对统一性原则的运用，就可以使感官上对同类别的产品有一个直观感受，从而产生心理上的安定感和归属感。产品造型设计的统一性还可应用于同一系列的产品设计中，如同一品牌不同款型的汽车产品设计，如图 5–1。为了体现产品的品牌价值和家族特征，设计师要总结和提炼符合企业形象的符号化的语言，应用到不同的产品中。这是一个企业为了塑造其品牌价值所采用的重要手段之一。

图 5-1　宝马 3 系和 5 系具有统一设计元素

当然，产品造型设计的统一性原则在同一件产品的具体设计中的作用更加重要，它是使产品形体具有条理性和一致性的重要手段。切忌在造型过程中出现不同风格的造型和色彩细节，这就会使形体整体感觉杂乱无章，没有重点，造成使用者感官上的负累。要实现产品造型上的统一性，可以利用下面的设计手段。

（1）线型风格的统一

线型风格决定了产品整体轮廓感觉的造型风格，涉及产品造型的边缘线、转折线、转角线、美工线等。以大家熟悉的流线型风格为例，它通常表现为平滑而规整的造型面，整体没有大的起伏变化和尖锐的棱角。这就要求产品的整体造型曲线要体现出符合流线型特征的趋势，在趋势方向上不能出现剧烈的起伏变化。如图 5-2 所示的订书器设计，其形体中线型的设计趋势非常统一，能从视觉上给人以流畅、舒适的感觉。

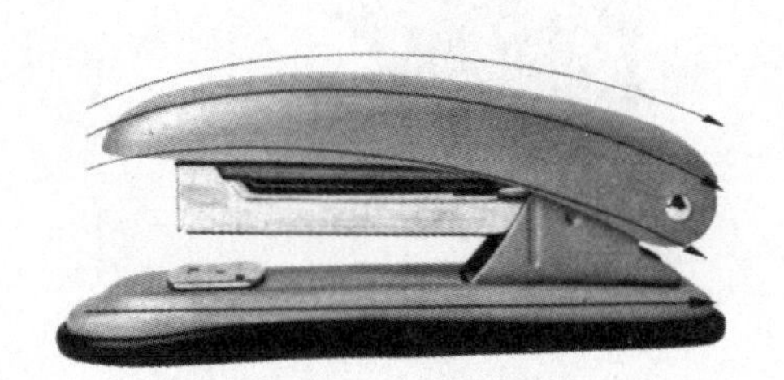

图 5-2　订书器线型趋势

如图 5-3 所示机械装备的造型设计，整体采用了平直的线条，干净利落，体现了机械装备产品的效率感。由于是钣金制造，面与面之间的衔接和过渡保持了较小的圆角，这与产品整体硬朗的风格实现了统一。当然，这里面的统一性不只体现在线型的风格上，材质的感觉、颜色的选用等诸多方面也实现了产品整体风格上的统一性。

图 5-3　机械装备造型设计

（2）材质感觉的统一

产品设计中对于材料的把握至关重要，材料的不同性质会对设计产生深远的影响。在具体的设计中，材料会在触觉和视觉上给人传达信息，主要包括材质的肌理、色彩、光泽等。在产品设计中，通常会以一种材料为主，以其他材料为辅，这会给人以统一的知觉感受，增强产品设计的统一感。如图 5-4 所示木质椅子的设计，用了很多细碎的木块进行拼接，整体看来较为杂乱。但这个设计同样会给人以整体感，使人觉得这些不规则拼接的碎木放到一起是有逻辑感的，这便是统一的材质感给人带来了一定的统一性，在一定程度上弱化和弥补了产品琐碎的细节带给人的不安定感。

图 5-4　椅子材质统一感

相比于视觉，材质带给人更多的是触觉上的感受，触觉体验来源于人们的生活经验，设计师巧妙地利用材质的这种属性可以给使用者带来多样的触觉体验，体验的连续性取决于材质的统一性，体验的层次感取决于材质的合理搭配。但无论如何，一个产品应给人恒定的体验感，这也是塑造产品统一气质的要求。

（3）色彩的统一

产品造型设计中的色彩运用要和产品本身的特质和产品所面向的消费群体相

关联。就像不同类别的产品具有统一的造型语义一样，它们也会有统一的色彩语义。比如，银行办公用品的色彩运用就要给人以稳定感、安全感和效率感，而消费电子产品则要体现时尚感、科技感和便捷性等心理诉求；而有确定目标人群的产品则要与他们的生理心理特点、审美情趣相协调。如老年人产品的色彩搭配要稳重保守一些，儿童产品则要鲜艳活泼一些。

除非有特别的必要（如儿童产品或某些带有民族特色的旅游用品设计可能需要多种色彩），产品设计中使用的色彩不宜过多，应以一种颜色为主，并且要占据较大比重，其他颜色与之搭配使用，不能喧宾夺主。如需大面积的其他颜色，建议选择黑白灰等无彩色系，这是一种较为保险的做法。同时，不同的颜色之间也要注意调和，调和的方法可以分为明度调和、纯度调和、色相调和、面积调和、位置调和等。简言之，就是让不同的色彩间具备共同的元素（如明度、纯度等）或在视觉上达到空间上的均衡（如面积、位置等）。

儿童玩具的设计可采用多种颜色，这就要涉及色彩调和的问题。首先保证色彩的基调是黄色和红色，这两种颜色属于同一色系，这样就形成了主视觉。而蓝色与上述两种颜色从色相上形成了对比关系，如果不加调和的话就会形成较大反差，造成视觉上的负累。因此，设计中要在明度和纯度两方面将蓝色与黄色进行调和，这样看起来两种色彩的对比关系就会柔和很多。

2. 造型的变化

如果说造型的统一性是为了使产品给人以稳定感，那么造型上的变化则是为了让产品更加生动和活泼。只有统一而没有变化，造型则显得平淡无特色。所以在产品造型过程中，应在保证统一性的基础上，充分考量变化与统一的关系。产品造型上的变化同样可以从以下几个方面来体现。

（1）线型风格的变化

在保证整体轮廓线型风格统一的基础上，适当在一些细节处理上与整体风格形成一种弱对比的关系，则可以使形体富于变化，形成视觉上的层次感。线型的对比变化主要包括直线与曲线的对比、线型粗细的对比、线型长短的对比、线型虚实的对比等。

如图 5-5 所示，诺基亚 N9 手机的设计，其机体正面线型采用平直的大线条，使造型看起来挺拔、简洁，但在细节处理上，又糅和了很多曲面元素，如在手机端面的圆角过渡和手机侧面线端部的收敛，都使诺基亚 N9 在造型上既简洁大方，又有了一种妖媚的感觉，再配以质轻并色彩鲜艳的聚碳酸酯塑料，给人一种惊艳的感觉。

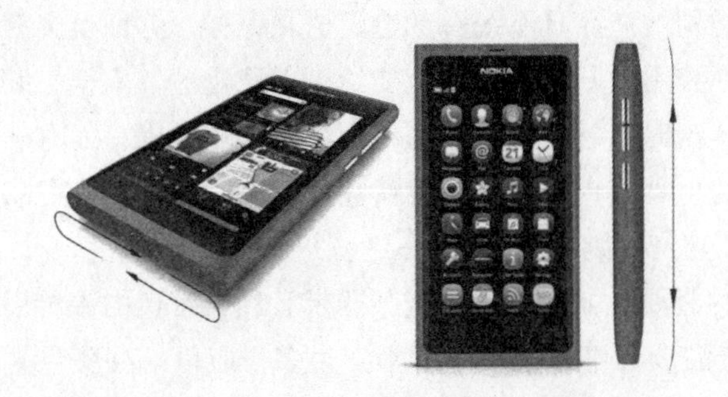

图 5–5　诺基亚 N9 造型设计中的线型变化

（2）材质的变化

如前所述，材质设计是产品造型设计的重要组成部分，它为人们传递了一种触觉的体验，设计师可以通过产品材质的巧妙搭配为用户营造富有层次感的触觉感受。同时，不同材质间也会触发微妙的“化学”反应，使得设计更有利于表达其主题和本质含义。所以，材质是一种会讲故事的媒介，一个富有表现力的产品应该通过材质之间的搭配，将产品的故事娓娓道来，并将其像密码一样存储到这个媒介中。这样，当使用者用眼睛去触摸这件产品时，就会把材质“密码”翻译成一个个生动的故事情节。如图 5–6 所示灯具设计，其主体部位是灯罩部分，采用薄瓷材质，形体向下延伸为灯具的基座，基座采用木头材质。材质的区分巧妙分隔了灯具不同功能的两部分，二者虽然材质不同，但造型有延续性，所以视觉观感上很流畅，没有被切断的突兀感。而从材质的对比上来说，人的目光自上而下流淌的时候，由陶瓷光洁而凉滑的质感逐渐转入木纹的温暖而稍显粗涩的质感时，仿佛是指尖滑过了这两种材质，就有了一种很美妙的体验感。这种材质变化带给人的感官体验是提升产品表现力的重要手段之一。

图 5–6　灯具设计中材质的变化

（3）色彩的变化

色彩的变化可以发生在不同的颜色之间，形成色相对比，也可以发生在同一种颜色之间，形成明度和纯度对比。无论什么形式的对比，都可以在色彩的观感上形成冷暖、明暗、进退等对比关系。另外，采用与主体色调不同的有一定对比效果的颜色，能够区分产品不同的功能区，还可以起到强调和画龙点睛的作用。比如，一些电子产品的开关和按键设计，尤其是仪器的报警部位，通常会选择识别力比较强的颜色，如红色等。

色彩的设计既要与产品本身的功能特点相适应，也要充分考虑产品的使用环境。比如，机床的设计中，主体颜色应该选择明度和纯度较低的色调或者较深的无彩色系（深灰色），以此来体现产品的稳重感和安全感。但过多使用这种色调又会使产品显得沉闷，这就需要在设计中添加与主体色调相协调的明度较高的颜色。

激光打印机的设计，整体色调为深灰色，凸显了机器作为较大型装备机械应该具备的稳重感。同时，机器的操控区以蓝色和浅灰色分别进行分割设计，将操作区与主体进行区分，方便了使用者操作。机器的腰部以红色进行分割，除了增加色彩的层次感之外，也将机器的工作区与底部进行了分隔，有一定的功能意义。另外，机器侧面的金属色也在明度上与主体色调形成对比，为机器的整体色调提亮不少。

（4）虚实的变化

产品造型虚实的变化是一种综合的表现，虚实对比可以是线条的密集与稀疏之间的对比，可以是材质的坚实与通透的对比，可以是造型凸起与凹陷的对比，也可以是体量的厚重和轻巧的对比，等等。造型的虚实变化可以使产品看起来更有视觉的张力，使造型主次分明、层次细节更为丰富。

图 5-7 所示是一款造型简洁的茶具设计，这件美国设计师的作品由不锈钢和耐热玻璃组成，这两种材质的搭配更加强化了设计简洁利落的品质。但此处要说的不是材质的对比关系，而是透明的玻璃和不透明的不锈钢之间的对比，这正是一种明确的虚实关系对比。透明的玻璃让茶具有一种空灵的感觉，在泡茶时可以很清晰地看到茶叶在里面舒展的过程，想必这正是设计师的目的所在，与苹果公司的 iMac 有异曲同工之妙，在电脑显示器中通过半透明的塑料壳可以看到内部的构造，如图 5-8 所示。

图 5-7　茶具设计

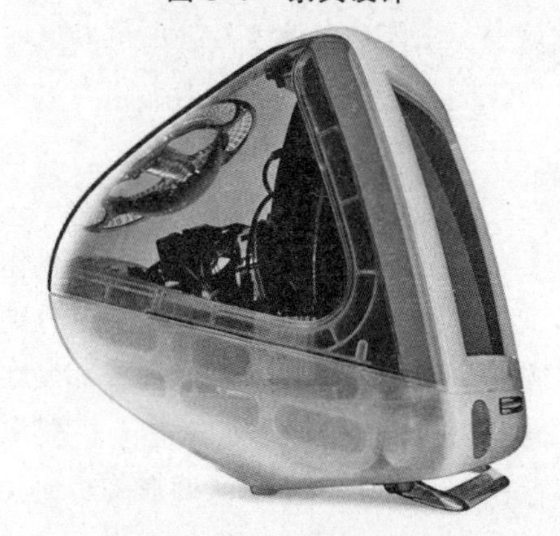

图 5-8　iMac 电脑显示器设计

再看音箱的设计，音箱网格镂空的质感和其他实体部分就构成了虚实对比，且致密的音箱网格和除此之外的空白区域也构成了虚实对比，这样就使整个产品看起来有了层次感和视觉的张力。同时，网格部分也容易成为视觉的中心，而这部分正是体现了产品属性的关键语义部分，这样就与产品的表现目的相得益彰，设计手段运用得恰到好处。

3. 造型的均衡与比例

均衡感是一种动态的平衡，它是指造型每个部分之间在体量感上的视觉平衡。造型的体量感可以由面积、色彩、材质等多个要素组成，所以是一种相互作用的综合感觉。若想获取产品造型的均衡感，就要对这些影响造型体量感的元素进行综合考虑，熟知它们各自的属性和特点，以及它们会如何影响一个产品的体量感等。比如，面积大的形状比面积小的形状具有更大的体量感；复杂的形状比简单的形状具有更大的体量感；明度低的颜色比明度高的颜色具有更大的体量感；金属质感比塑料质感具有更大的体量感，等等。

均衡的感觉是一种整体的视觉平衡，处理好均衡的问题，应从产品的色彩设计、材质设计、细节设计，甚至表面装饰和商标（Logo）的位置等多方面进行考虑。如图 5-9 所示的香台设计，以不规则的“鹅卵石”堆叠成香台的主体，底盘是同样形状的鹅卵形圆片，整个造型中心倾向一侧。为了弥补量感上的不足，达到视觉平衡，在左侧放置一个椭球体，并让塔香形成的烟雾向左侧倾泻。这样，视觉整体上达到了较为平衡的状态，且布局有聚有散，有疏有密，有留白，具备了写意国画的意境。

图 5-9　香台的设计体现了视觉上的均衡

任何产品的造型都要考虑比例和尺度的问题。比例是指造型部分与部分、部分与整体之间的体量对比关系。比例适当可以让产品造型各部分之间具有良好的协调性，观察起来更具有美感。

最为著名的一个比例关系是黄金分割比，它是一种数学比例关系。假如将整体分为两个部分，较大部分与较小部分的比值等于整体与较大部分的比值，比值约为 1 ∶ 0.618。0.618 因此被认为是最具有审美价值的数字，也被称为黄金分割比。

由于黄金分割比具有重要的美学价值，所以在绘画、雕塑、建筑、工艺美术和造型设计中应用广泛，在很多艺术设计作品中可以找到它的影子。比如，希腊的帕特农神庙、达·芬奇的名作《蒙娜丽莎》以及我国家具设计巅峰时期的明代家具，都在一定程度上体现了黄金分割比。

当一个矩形的长边为短边的 1.618 倍时，这样的矩形被称为“黄金矩形”，黄金矩形能够给画面带来美感。如图 5-10 所示，由广州乌托邦建筑设计事务所出品的储物柜设计，由大小不同尺寸的柜子组合而成，每一个柜子的边长都按照黄金分割比例来确定，柜子的分割给人以很舒服的视觉感。

总之，造型的均衡和比例不可分割，适当的比例关系是使产品达到均衡的重要手段之一。均衡达到一个极致状态则为对称，对称也是产品造型美学中的重要原则，在产品造型中应用广泛，如手机、汽车、大部分家电产品等，整体上都体现了对称的关系。但在细节处理上，如手机按键的排布上还需考虑均衡的原则。比例离不开尺度的概念，比例体现出了产品局部与整体之间的协调性，而尺度则直接与产品的实用性相关，如手动工具的设计中，其尺寸的确定要严格参考人手的尺度，否则使用起来不舒服。

图 5-10　按照黄金比例进行分割的柜子设计

4. 造型的节奏与韵律

节奏和韵律是音乐上的概念。节奏是指一种元素按照一定的规律进行重复连续的排列，形成一种有秩序感的形式。韵律是节奏的深化，是在节奏的基础上使元素的变化更富有情感和表现力。在产品造型中，经常需要用到节奏与韵律的形式美法则，尤其是对一些产品的细节进行处理时，重复元素的排列方式会对整体造型的美感产生影响。

如图 5-11 所示是著名的 PH 灯，由丹麦设计师保尔·汉宁森设计。PH 灯由很多“灯伞”组成，这些“灯伞”按照规律有秩序地排列，使人从各个角度都能感受到律动的美感，仿佛一个植物的果实。当然，这个设计并不全是形式上的，其光线必须经过“灯伞”的反射才能到达人的眼睛，这就可以获得柔和均匀的照明效果，避免炫光的出现。同时，灯光也减弱了灯罩边沿的亮度，使灯具与黑暗的背景更具有融合性，以免造成眼睛的不适。所以，一件优秀的产品设计不只要求造型上的美观，还要求造型和功能上能够达到和谐的统一。从这个角度来说，汉宁森的 PH 灯堪称“形式追随功能”的典范之作。

图 5-12 所示为一件超薄车载逆变器，这是一个小巧的电子产品，其造型中规中矩，而顶部的散热孔却经过了细心的设计，成为视觉的中心。该设计由一个叶片形状呈旋转散开状态，叶片的数量逐圈增加，显得动感而又富于秩序。正是有了这个细节的设计，才使得产品的整体有了一丝灵动的气质，且产品侧面也有同样叶片造型的小孔整齐排列，这就与顶部的散热孔在形式上构成了呼应关系。

图 5-11　PH 灯的形式设计

图 5-12　车载逆变器的细节设计

（二）设计语义学与造型设计

设计语义学本来是语言文字学的一个概念，是指研究语言文字及其组合所传达出的含义。而设计作为人类文化的组成部分，是一种物化了的语言，设计师赖以表达其设计构思、设计含义和设计情感的方式不是用语言和文字描述，而是用具体的设计作品。这就涉及一个问题，即设计师如何表达才能直达设计的本质，最大限度地向人们阐述清楚设计的意图。这就要用到设计的语义，用一种通用的设计语言在设计师与使用者之间架起沟通的桥梁。一件语义表达清楚的设计作品可以使用户更方便地理解设计和正确地使用设计，一切过分依赖设计说明书去表述产品使用方式的设计都不能称为合格的设计。

一件产品所包含的所有非言辞性的设计要素，都可以被称为设计语义。设计师将语言学中的概念移植到设计中来，是为了使用这些视觉形态语言来正确表达自己的产品。设计语义学主要研究产品形态要素、色彩要素、材质要素等在产品表现上的含义，研究不同地域和民族对形态、图案、色彩等要素的不同理解，研究设计中如何正确使用设计语义创造出符合人们使用习惯、易于理解和便于操作的设计作品。

设计语义学主要有如下几种作用。

1. 传达和解释产品的功能

面对一个新产品，使用者应不通过任何培训和烦琐的解释，就能依靠自己的本能理解产品的操作方式，并实现产品的功能。特别是对于电子产品来说，其功能和造型之间的联系并不紧密，这种“黑箱”式的设计，常使产品用户无从知道产品的功能。这时候只能通过符号化的设计语言对产品的功能进行提示，这些符号化的语言要想起到正确传达含义的目的，就要和人们的生活经验产生关联，利用人们的生活经验（如通过太阳联想到光和热）或者对业已熟悉的相关产品中的造型语言进行移植来达到设计的目的。

如图 5-13 所示为一个篝火造型的散热器设计，该散热器与传统产品的造型毫不相关，使用了一种新的设计语义，而这种新的语义能快速为人所理解，这得益于它借用了一种人们司空见惯的产品形态——篝火中相互支撑的柴棒。根据多数人的经验，这种造型很容易使人联想到与火有关的产品，这便为产品与使用者之间搭建了一个沟通的桥梁，使产品的造型和功能之间产生了有机联系。

图 5-13　篝火造型的散热器设计

图 5-14 是一个电磁炉的设计，这种产品的造型和使用界面明显借用了传统炉具的造型，无论是扁平轻薄的体量感，还是放置平底锅的电磁感应区，都继承了传统炉具的设计基因。由于语义传达的直观性和明确性，即便是第一次使用的消费者也会很快理解了产品的功能。这种造型语言的移植还存在于很多其他产品中，如笔记本电脑（移植了笔记本的语义）、室内健身车（移植了自行车的语义）等。

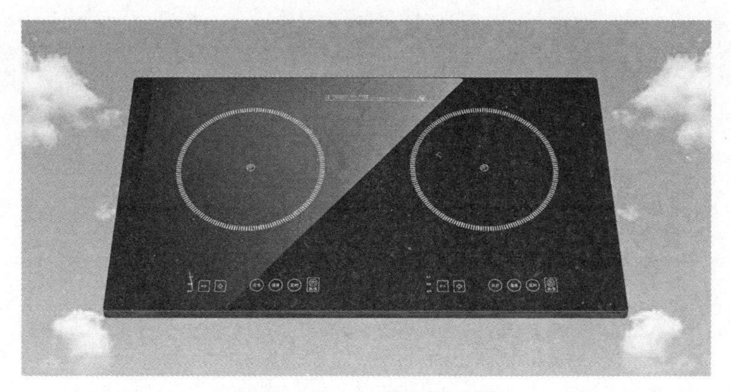

图 5-14　电磁炉的设计

2. 罗列和说明产品的使用方法

如何让使用者不需要阅读设计说明就能很快学会产品的操作方法，这一点至关重要。因为对于消费者来说，并非每个人都受过良好的教育，亦即知识层次水平分化会较为严重，使用者的认知能力会有较大差异而生产企业自然想通过产品的销售赚取利润，这就必然要让产品能最大限度赢得消费者的青睐，取得最广大的市场。这就同时对设计师提出了较高的要求，即如何运用恰当的设计语言，让使用者仅依靠本能就能学会使用产品。

下面举一个最简单的例子来说明语义学对产品使用方法的提示作用。图 5-15 是一个开关的设计，这个产品在日常生活中随处可见，几乎所有人都能不假思索地正确使用开关进行操作。因为开关倾斜的状态就是一种明确的提示人们去“按”的语义。从心理学角度来说，人们都有一种使物体从“破”的状态恢复原状的意愿，而按键的倾斜正是一种“破”的状态，人们通过“按”的动作力图使产品复原的行为其实是一种本能。

图 5-15　开关的设计

一些特殊的产品也通过恰当的符号语义传达其使用方式。比如，针对老年人或儿童等特殊人群的手机设计，就不能设计成与普通手机完全相同，而要根据目标人群的认知特点和行为习惯进行有针对性的设计。体现这种个性化和定制化的特点，正是设计语义学所要解决的问题。

下面分析图 5-16 所示儿童手机的设计，看它从哪几个方面来定义其作为儿童手机的典型特征。首先是造型设计，其大型用了圆滑的曲线，有着浓厚的仿生意味，仿佛某种小动物的头部造型，其可爱的造型非常符合儿童产品的特点；其次是手机的按键设置，考虑到儿童的认知水平和行为能力，按键的设置非常简单，只有接听、挂断等基本操作按键。四个数字键分别绑定四个常用的电话号码，这样无需拨号就可以直接拨打电话，方便了儿童的使用。

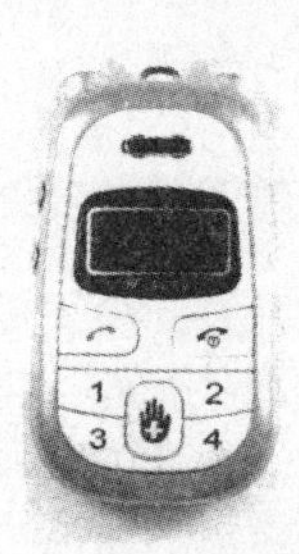

图 5-16　儿童手机设计的语义

如上所述，无论是产品的造型设计，还是功能设置，乃至细节的排布，都要符合设计受众的行为心理特点和认知习惯。而恰当的语义表达正是产品本身和设计受众之间进行无障碍交流的有效手段和重要桥梁。

3. 传达和彰显产品的精神功能

产品除了实用功能之外，还包括精神功能和象征意义。随着经济社会的发展，消费者对产品的要求越来越高，人们已经不再满足于产品的功能性，而更加关注产品带给人的精神感受，即是不是能给人带来愉悦感、体验感，是否能够满足人们的心理诉求。产品可以通过其造型、材质等语义要素来传达它所代表的深层次含义。

图 5-17 所示是一把方便情侣拥抱的椅子，设计师通过细致观察生活，截取了情侣生活的一个瞬间进行设计的发想，即经常在一个椅子上相互拥抱的行为方式。该设计解放了男性大腿，也使双方处在一个相对合理的位置，丝毫不影响亲密的程度，同时恰当利用了使用者的情感体验，使设计作品体现出浓浓的人情味儿。当然，如果仔细探究，这把椅子还会有其他巧妙的用处，即可以作为一个简易的个人工作台，用来放置个人电脑、书本等用具，可说是一个多功能的设计。

图 5-17　情侣椅设计

而图 5-18 这款手机的设计则是针对信仰佛教的人士进行开发的，所以从机身到细节设计都体现了佛教元素。这也充分尊重了设计目标人群的认知特点和心理习惯。

图 5-18　针对特定人群的设计

一些针对特定人群的设计作品应充分尊重民族的、地域的、宗教的要求，熟知他们对颜色、造型、图案、材质等的偏向和禁忌，了解一些特定图案和色彩的象征意义，并以此作为设计的依据。

总之，设计语义学作为产品造型设计的重要内容，在设计中所起的作用包括但不局限于以上几个方面，它的作用往往是很综合的。这里再对设计语义要考虑的问题进行一下总结：①产品造型设计要包含能与周围环境相协调的设计语义要素，这些要素可以从造型的形态、材质、色彩等方面进行体现；②产品造型设计应该包括一些为大家所熟悉的设计语义，保证产品与同类产品和相关产品的历史延续性，这样，使用者就能从比较熟悉的语义中读取产品的信息；③产品应该方便使用者进行操作，这就要求产品语义表达要准确、清晰、容易理解，要通过各种手段为使用者提供一种最快速地掌握产品使用方法的操作界面；④如果是一个“黑箱设计”，产品应该通过恰当的语义传达出其内部机构以及产品的功能；⑤产品设计要通过适合的语义传达出产品应该具备的文化内涵、象征意义和特定含义。这就对设计提出了更高要求，设计师应赋予产品更多的精神功能。

不过需要注意的是，设计语义是一个不断发展的概念，设计师应该立足于现时代，不断提炼符合现代产品表达需求的语义符号，并对同一种语义表现的历史性和传承性有着综合的把握。比如，对于传统文化的表达，首先要深入理解传统文化的本质，然后结合现代的设计观念，对传统文化进行重新解读和诠释，只有这样才能将传统文化发扬光大。

如图 5–19 所示，这是一个“太极”沙发的设计。它并不是一个太极图案的简单运用，而是深刻理解了“太极”相反相成的依存关系，选择坐具作为该设计语义的载体，也是对使用者使用情境和体验的一种印证。除此之外，设计的造型严格遵循人机工程学的设计原则，其凹陷的部分力求符合人体的造型曲线。而且，整体造型空间曲线也很有层次感，完全不是仅仅套用了一个具有象征意义的图案。所以该设计由于深刻领会并合理运用了中国传统图案，并与现代设计理念进行了恰当结合，而获得了当年的红点设计奖。但可惜的是，这款设计并非出自中国设计师之手，而是一个德国人的设计作品。

图 5–19　“太极”沙发的设计

二、多元文化视野下产品设计的新发展

（一）人性化设计

人性化设计是指在进行设计的时候注重使用者的感受，使设计作品让受众舒适、舒服，充分享受无障碍性，能产生良好的心理生理感受。舒适性不仅体现在产品的设计形式感上，也体现在材料材质的选择上。无障碍性设计即注重使人感到生活安全、方便的设计。人性化设计是当代设计的一种模式，它要求设计师在设计功能和服务功能上都要符合受众的理想状态，甚至在个性化、设计风格、艺术品位等方面都能满足使用者的偏爱。

如今，大众对产品的要求已不只是功能上的全面性，更多的需求是感官上的享受，要得到视觉、听觉、触觉等的满足，如图 5–20 所示的这种可动的躺椅的设计，就像在与一个简单的生命进行交流，使人拥有自己的身体语言，既能给生活带来方便，又能产生点点滴滴的乐趣。这样的产品设计不但满足了产品的功能性，也满足了受众的心理诉求。

图 5-20　可动的躺椅

就电脑的外部设备来说，如通常大家接触比较多的键盘、鼠标，在现有的工作条件下，我们在操作键盘和鼠标时通常手臂都是向前悬空着，手臂长时间的悬空会使我们肩颈部静态疲劳，同时引发腰背的疲劳酸痛。要解决诸如此类的问题，设计师就必须充分考虑人机工程学、人性化的诸多因素，这也是设计上最主要的原则之一。

（二）高新技术与智能化设计

产品设计的创新可以说和科技的进步息息相关，科学技术的发展将大力推动时代的进程，推动新技术和新材料在产品设计中的应用。新技术新材料一旦适用于产品的设计与生产，它将会带来产品设计的新飞跃，并且推动产品生产流程和状态的日新月异。例如，火车、彩色电视机、冰箱、飞机的发明制造，塑料、可分解纤维、硅胶等一批新材料的出现，人工智能、计算机辅助设计等的广泛利用，都使得人们的生活方式与精神面貌发生了巨大的变化。新发明和新技术及由此而出现的新产品、新功能也不断吸引着我们。人们的审美、人们的生活方式也被这一切推进了一大步。如今，产品的智能化设计和计算机技术的进步密不可分，可分为两个阶段：第一阶段是 20 世纪七十至九十年代的计算机辅助设计利用阶段，电脑辅助设计软件制作代替了传统的手工绘制，成功用二维平面设计图纸表达立体造型，而且大大缩短了设计时间和设计精度；第二阶段是 20 世纪九十年代至今，随着电脑硬软件的发展和完善，产品设计已经进入了虚拟现实阶段。现代产品设计已成为效益化中极为突出的产业，产品设计的高新技术使用及智能化设计是一个相当重要的研究课题。

（三）绿色设计

绿色设计又被称为环保设计、生态设计，主要是指产品从设计、生产、利用、回收等各个环节，都要充分考虑产品的可回收性、可拆卸性、可维护性、可重复利用性等，并把它作为设计制作的目标，在制作过程中还要考虑产品的功能、使用寿命、质量等问题。可以说，绿色设计涉及的领域已经和我们的生活息息相关，已经成为当今设计领域的流行趋势。废弃物回收再利用曾是绿色设计的典型方法，如图 5-21 所示是法国设计师用自行车废旧零件设计的茶几。另外，在日常家电、产品、包装、建筑等的设计，尤其是现代交通工具的绿色设计更是备受人们的关注。传统交通工具已经成为噪声污染、空气污染的主要来源，同时也消耗我们大量的不可再生资源。因此，绿色设计将成为今后产品设计发展的主要趋势。

图 5-21　茶几

（四）仿生设计

仿生设计也是当今国际上的流行设计，即将生物的某种原理作为素材来源，是获得设计灵感的重要手段。仿生设计作为一种设计师与自然界的联系点所进行的设计创作活动，不但使人类的生活与自然达到一种"天人合一"的境界，也给人们的衣食住行、生活、工作、学习等带来方便快捷的感受，而且这些行为活动中还能使人获得美的享受，满足人们的精神追求。仿生设计往往可以打破常规思维，获得意想不到的创新结果。产品形态设计与其功能、结构、材料、机构等因素密切相关。自然界中存在众多形态各异的生物，它们的外表、花纹、色彩、结构和系统工作原理等都值得设计师去发现和研究。在产品形态创造过程中，要善于观察、提炼和变通，把生物的优点为设计所用，这也是仿生设计的目的所在。在产品设计中，仿生设计突破了对自然界生物外形的纯粹模仿，已深入到对产品结构、功能、材料等设计的运用，并且诞生出不少杰出作品。仿生设计主要可以分为以下三种。

1. 功能仿生

在产品设计中，注重仿生学的运用，我们要能从极为普通、平常的生物上，发现它的价值，从它的结构功能上受到启发，领悟出其原理，从而对产品进行创造性的设计。例如，蝇眼照相机的设计源于苍蝇高分辨率的、可视范围较大的双眼；蛙眼卫星跟踪仪得益于青蛙眼的分辨率的功能。刘勰在《文心雕龙》中提到“情以物兴”“物以情观”的概念，设计师们要会体悟这种“物我交感”“心物应合”的和谐的设计理念，将自然形态转化为似乎被赋予了生命和感情的物件，从而创造出有情趣的“活”的作品。

2. 结构仿生

自然界中拥有数以万计的千奇百怪的生物，它们各自拥有巧妙而又独特的结构，许多生物在漫长的进化与演变中，会形成一种实用而合理的、完整的形态结构与功能，以逐渐形成适应自然界变化的本领，这些结构的形成与其生存的条件、生活的习性、生长的环境密切相关。产品设计中的结构仿生就是将自然生物的结构原型转换成产品中可视的造型语言，将这些独特的既有创意感又有熟悉感的元素，运用艺术性的思维与高超的工艺技术相结合，再辅之以现代的设计原理及理念，以同构、解构、重复、夸张等手法，创作出既有实用性功能，又具有美感的优秀设计作品，这可以成为设计中的一种有效地解决问题的途径和方法。

3. 形态仿生

大自然中，海螺精美的螺旋纹、花朵有层次的美丽身影、叶片上奇妙的纹样、山脉令人着迷的线条、蝴蝶身上的美丽图案、蜻蜓独特的造型、大熊猫憨态可掬的萌态、小猴子灵活敏捷的样子、海豚可爱的孩子样等，都是设计师进行设计创作的灵感来源与素材，是创意产生的源源不断的动力。许多优秀的设计师都会利用这些形态仿生原理进行产品设计。仿生的内容和范围极为广泛，既有自然界中各种各样的生物，如植物、动物、人物、微生物等，也有各种各样的其他事物，如山川、日月、雷电等。许多优秀的设计师都能利用仿生设计手法，让产品的外部形态、象征寓意让人回味不绝。如图 5-22 所示的豆荚翡翠黄金首饰，便是以大自然中的豆荚为母体，进行首饰产品的创意设计，即模仿鲜嫩翠绿的豆荚色彩、半裂显露的形态，将黄金镶嵌翡翠制成首饰，整个造型形象玲珑剔透，充满生机与活力。这种令人爱不释手的精品受到各地女性的青睐，体现了仿生设计的精髓。

图 5-22　豆荚翡翠黄金首饰

（五）家居化系列产品设计的发展

随着社会经济的发展，消费者的消费行为也变得更加多样化、多元化，更加具有选择性，市场需求也随之改变，不断地往个性化、多样化的方向发展。人们对产品的要求也在不断地提升，如对产品功能、造型、材料、色彩、触感、尺寸、技术、工艺等各方面的需求都在提高。家居系列产品以多变的功能和灵活的组合方式满足着人们的消费需求。现在比较流行的一些功能简单的抱枕，通过系列形态设计，既丰富了产品内涵，提升了产品系列化带来的附加价值，又为不同喜好的消费者提供了选择的空间。

第二节　产品设计中民族化的表现方法

一、多元文化的形成因素

（一）信息化的影响

当代信息化社会给文化带来的冲击，极大地改变了我们的文化形态。信息是符号化的知识，信息以知识为内涵，又成为知识创新、传播，创造多样化应用的基础，从而使文化特征所具有的内涵不断地扩延，使现代文化形态的内涵越来越丰富和多元化。因此，信息化加快了多元文化的交流与融合。

（二）大众文化的影响

在全球进入信息化时代的今天，所谓的大众文化是指少数人借用高新技术，通过复制、移植、虚拟、拼接和批量生产等手段制造，并以广播、影视、报纸和印刷品等现代传播媒体为工具灌输给普通的大众，尤其是都市的大众。可以说，大众文化也成了多元文化的形成因素之一。

二、多元文化下的民族特征

（一）设计文化的民族特征

文化是人类在自身社会化过程中所创造的，从根本意义上讲，文化是一种社会的文化，设计艺术作为社会文化，其社会学性质首先表现在民族性方面。世界上每个民族都有自己特殊的文化传统，民族文化传统具有长久、普遍的特点，而设计文化是人类民族文化最典型、最集中的体现，所以设计文化的民族特征也就自然而然地显现于其中了。此外，由于不同地域、不同人群，以及历史发展的不均衡性，各国、各民族形成了不同的文化特点。因此，各民族独特的设计文化之间的差异性、丰富性、独创性和互补性也会随着社会的发展逐渐形成，并且相互渗透、相互影响，从而促进了设计文化向多元化方向发展，同时也体现着各自不同的民族特征。

（二）设计审美的民族特征

人们的审美眼光不是一成不变的，它随着历史的发展而发展、扩大、变化着，它不仅有自身的发展规律，也受到客观环境和文化背景的制约。社会的进步、时代的变迁、文化的发展，促使人们审美观念的不断更新。多元文化下的设计审美，必须对这种新发展、新变化做出新的、符合实际的改变。在一个文化多元化的时代，设计审美呈现出开放性和多样性的特点，由单一的“线性思维模式”转变为多元的“发散思维模式”，抛弃那种统一的价值标准，代之以丰富多样、民族独特的设计文化价值观，这其中也表达了民族特征在设计审美中的体现。

三、产品设计的民族化特征

（一）产品设计的民族化体现

在产品设计中，文化的民族性既体现在设计师有意识地把传统和民族文化的特征运用于新设计中，又体现于满足消费者在产品使用中的不同文化需求。也就是说，人们在使用一件产品的时候，不仅是使用产品的物质功能，还希望能够同时享受到文化带来的乐趣，在使用过程中能够得到精神的满足和情感的升华。许多设计师把创造一件具有民族文化的产品作为自己知识和设计水平的体现，许多消费者也把使用一件带有民族文化的产品作为自己品位的象征。

产品设计的民族化特征一方面体现出设计师对本民族文化的尊重和热爱，对本民族文化的自觉维护；另一方面，产品设计的民族化特征也体现了消费者在当今多元文化时代的消费要求。在产品设计中体现本民族的文化已经成为许多设计师的自觉行为，尤其是在多元文化凸显的今天，对民族文化的维护和保护已经成为全世界讨论的热门话题，设计师面对民族文化的传统资源，也有着更广阔的视野和更活跃的设计思维。由于地域环境、社会历史、风俗习惯的不同，每个民族都有自身的生活方式、审美情趣和文化精神，这种民族的文化特征在产品设计中体现出不同的造型风格。每一种民族文化在产品造型方面都有其代表性的符号体现。在这里符号有超出产品使用功能和可识别性的种种意蕴和文化内涵。特定的文化符号及特定的组合方式，可以表现出产品所独有的民族化特征。例如，北京奥运会火炬“祥云”，其创意灵感来自祥云图案。祥云的文化概念在中国有上千年的时间跨度，是具有代表性的中国文化符号。火炬造型的设计灵感来自中国传统的纸卷轴，纸是中国四大发明之一，人类文明随着纸的出现得以传播。这一设计的成功在于充分表现了产品的民族化特征，是以特定符号体现本民族文化的结果。又如，台湾品牌米骑生活（Milife）设计的系列产品“豆腐”杯（图 5-23）与“墨宴”味碟调料瓶，是将豆腐的造型简化后设计的一套杯盘组合，以及源自中国谚语“满腹墨水”的砚台造型酱油碟与墨条造型胡椒罐。这组设计将东方传统的符号元素结合创造于日常使用的产品中，运用简约的设计风格体现出“禅”的文化意蕴，自然地流露出产品独特的、令人熟悉的民族化特征。

图 5-23 “豆腐”杯

（二）产品设计的民族化趋向

在多元文化的时代背景下，我们应该找回对民族设计文化的自信，在吸收外来先进文化与设计观念的同时，也更加珍惜传统的民族文化所蕴藏的巨大价值，重视其对本国设计文化的独特意义。民族化特征在产品设计中的具体表现是通过多种手法实现的，它可以缓和设计风格国际化与民族性文化价值观的矛盾，在一定程度上保留民族文明的个性特征与文化气质，更大程度地把民族性文化价值观融进当代的产品设计中，以此来凝聚民族性的文化精神。

产品设计需要有民族传统风格的合理体现，在国际性的设计活动中，对民族化特征的认识和挖掘、吸取和运用往往成为产品设计创新的起点，从而有利于设计更好地达到“创造不同”的目的。产品的个性化、创新性趋势应在着手进行新产品开发时，把产品的外观造型、使用功能等设计提到一个新的高度，从而也要求对工业设计领域的研究有进一步的突破，以提高产品设计水平，使之与本民族文化特征相符合。

当然，产品设计的民族化特征并不是对民族文化的肤浅理解及表面形式的简单套用和照搬，而是要将民族传统文化的“神韵”融入设计中，从民族传统文化中提炼出设计所需的形式要素，经过概括归纳等手法并在设计中加以运用，这才是产品设计与民族文化的真正结合。例如，我国儒家的审美标准可用一个“和”字来概括，“和”体现包容性，包容性必然衍生多样性，把“和”的观念应用于产品设计之中，就是要体现形式、功能的完美结合与造型的多样性。

此外，借鉴民族文化时不能一味照转，而要把民族传统的文化元素融入到现代的设计中来，通过寻找不同的方式，尝试不同的方法，使两者自然地结合起来，毕竟设计的产品是要面向现代社会的。当今世界上不乏把自己的文化传统与现代设计有机结合于产品中的民族，他们在对民族传统的现代诠释方面进行了钻研与探讨，成功地将它们纳入产品设计中。例如，斯堪的纳维亚的产品设计，体现了斯堪的纳维亚国家多样化文化的融合，以及对传统的尊重，对形式与功能的统一，对自然材料的运用等。斯堪的纳维亚的产品设计是一种现代风格，它将现代主义设计思想与民族传统设计文化相结合，既注重产品的实用功能，又强调设计的人文因素，是民族传统文化与现代设计有机结合的一个很好体现。

设计文化是国家整体文化的一个组成部分，其发展趋势应建立在符合本国国情审美价值的取向之上。多元文化下如何在设计中体现一个国家的民族文化，是设计文化个性品质的基础。设计师要将产品设计与民族文化相结合，把握住产品设计民族化特征的发展趋向。在高科技发展的今天，东西方文化、传统与现代文化、科学技术与文化艺术都在相互碰撞、相互融合，我们的生活方式及思维方式也在随之改变。“民族的就是世界的”已成为绝大多数人的共识，只有这样，多元文化背景下产品设计民族化特征的价值观才能长足发展。

第三节　产品设计中的时尚引领与创新驱动

一、产品设计中的时尚引领

（一）时尚魅力

简单来说，时尚为“时间”与“崇尚”的叠加，指一段时间里一些人所崇尚的精神和物质内容。“时尚”是英文“fashion”的译词。“时尚”出现在汉语常用的词语中（现今媒体上叫作“流行语”），也只有几十年的时光。

英语中，与fashion近义的单词有style、mode、vogue、trend、fad、rage、craze。综合《朗文当代英语辞典》等的解释，“fashion”有如下含义：A. a prevailing custom of dressing，etiquette，socializing that are considered the best at a certain time；B. changing custom，esp. in woman's clothing；C. mamer；D. way of making on doing something。”

今天意义上的时尚，是指社会在一定发展时期和特定文化环境下，具有主导意义和影响作用的生活习惯、文化观念和行为方式，体现在服饰、饮食、行为、居住、产品、休闲、消费、知识等，涉及生活、学习、工作、娱乐许多方面。一定时期的时尚，一般由思想意识起步，以各种物化的载体（如产品）来表达，体现着时代大众的精神诉求，成为主流的生活态度和生活方式。

在现代商品社会中，时尚通过具体的“物”的形式，来体现生活模式和行为方式，并不断滋生新的时尚追求，催生新的产品需求，带动新的产业蓬勃，拉动新的消费热潮，从而促进设计向深度和广度发展。一般而言，与时尚相关的产品，不仅具有产品基本功能的特点，而且由于它的“时尚”属性，因此被赋予高附加值，易传播，易被追逐，极易形成时尚产业链，蕴含着巨大的经济效益。

所谓时尚产品，指代表时尚文化，具有高附加值和时代精神追求，同时又符合现实需求的产品，彰显主流消费倾向。广义上讲，时尚产品中包括时尚服务。

不过，需要冷静思考的是，尽管时尚这个词在今天实在是“太流行”了，天天可以在报刊影视网络、博客微客等媒体上看到。但是，“时尚”不等于“流行”，流行是大众普及，如果广为流行，那还有时尚的特质吗？时尚，是经济发展到较高水平后的产物。时尚的社会特质及功能，能给人带来愉悦的心情，包括纯粹、优雅、恬意、品味以及不凡感受、魅力，是一个亲和力十分强烈的词语，既有客观效应，也有主观展现。魅力用于描述修饰时尚，是贴切造化天成的组合。魅力是关爱人、温暖人、贴近人，能建立人与物之间的友好关系，因此，时尚魅力赋予现代人们独特的个性气质和气韵。

近现代发展史表明，人们对时尚的追求，促进了人类社会更加美好的发展，既在精神方面也在物质方面。20 世纪 20 年代，德国大众甲壳虫汽车和英国奥斯汀轿车，以流线型造型，传递着速度的时尚信息。网球运动兴起，穿着短衣短裤体形健康的运动者，传递着人体曲线肌肉感的清新时尚信息。

当时的国内，结合这些新科技新时尚事物和产品的进口及普及，旗袍引入了流线型和人体健康的元素，彻底改变了汉族几千年的服饰样式和形制，创造了既时尚又经典的服饰，尤其适合东方人穿着，可谓巧夺天工、天人合一，当然也构建了一个庞大的产业系统。自此以后，上海最繁华的南京路、淮海路、四川北路上，服装店林立无数，民间裁缝也应运而生。

符号性、即时性是时尚的两个显著特性。人们追逐时尚，会带动世俗的疯狂，以至于到盲从的程度，均不无道理。但是时尚不一定都能成为经典，“南朝四百八十寺，多少楼台烟雨中”。不过，时尚与时尚的传接，就组成了产品发展史中一个又一个经典的文化新潮。数码照相机的成像载体是CMOS(Complementary Metal Oxide Semiconductor，互补金属氧化物半导体）和CCD（Charge Coupled Derice，电荷耦合装置）。由于高度集成，数码照相机可以在非常小的半导体芯片截面上记录宽广的实物景象，故而突破了传统机械式照相机胶卷尺度的几何空间限制，也就出现了早期形形色色稀奇古怪的数码照相机形态，似打火机、像钢笔、类MP3播放器、假以手电筒等。虽然在当时来说，稀奇古怪的造型的确是时尚尽现，但其结果也使人很难辨识这些物品的真正功用。从产品语义的角度分析，这种族产品造型的混乱状态，造成的是数码相机消费市场的混乱，以及标准化、系列化的混乱，并造成安全、检测、维修等后续服务的无序。最终，这种早期“形态各异”的数码相机，只是热闹了极其短暂的时光，不久，就被逐渐规范标准的卡片式数码相机所替代。一直到今天，形成了标准、系列、通用化的卡片式相机群（族）产品，它们是“傻瓜”级相机的主体。但是，卡片式数码相机的成像单元并不能满足宽幅面、高分辨率（像素）、高清晰度的成像品质要求，与传统的机械式单反照相机仍不能抗衡。

随着CMOS和CCD集成规模生产技术的飞速发展，超大尺度、超高清晰率的集成芯片生产成本逐年下降，经典意义的机械式单反相机的形态语义，特别是人们使用这种相机长达百年来的反复操作、使用、交互的方方面面，使得相机无论是外形、各部件的搭配、空间的关系，还是按钮、取景器、使用姿态等人机交互方式，都达到了最优的状态。上述所有经典元素，在新型数码相机设计上，都被重新认识、融入、优化，从而出现了准专业级形态的数码照相机，以及专业级的数码照相机。数码照相机步入了真正既时尚又经典的辉煌时代，如图5-24所示。

时尚的符号性和即时性特征，决定了时尚产品具有外形设计专利和实用新型专利的属性。紧贴时代的时尚产业，规划或决定时尚产品的设计策略，应该“短、平、快”，紧跟市场，服务主流消费者。此外，还可以充分发挥著作权的功用，进行知识产权的保护。应紧紧抓住重大社会性的事件或活动，及时设计开发相配套的时尚产品，如北京奥运会的形形色色“福娃”软体产品，2010年中国上海世博会“海宝”衍生产品、中国馆模型纪念品，神舟七号航天器玩具等，既赢得了市场，又传播了主流价值文化。

产品设计师对时尚魅力的敏感悟性和捕捉能力，对时尚魅力所潜在的创意产业的评估预测，乃至于追逐时尚、驾驭时尚、引领时尚，真正将设计才华融入时尚前卫新潮中，也是展现设计师自身品牌和品位的最有效机会。

图 5–24 “专业级”和“准专业级”的数码照相机

（二）工业信息化时代的时尚实践

一个媒体事件的轰动，一件物品（产品）的时尚，其源头或发达起因，往往难以究析，但成为时尚之过程，都有规律或演化方式可得。比如，一些新兴事物（当然不同于前期或即时的其他事物）经过某些特殊人群、途径、传媒，引起所谓“主流人士”的关注，利用其掌控的传媒工具（如广播、电视、报刊、网络等），通过“造事、造势”，使得大多数人开始关注它、了解它、使用它、传播它，渐而形成新型的价值观、视觉审美取向。

时尚的社会价值主要体现在其市场性。随着经济的发展，人们收入的不断提高，时尚的发展、时尚的最大服务对象、时尚产业的最大利润来源、时尚效益延伸的基础，应该还是众多的消费者。毛泽东同志说过：“人民，只有人民，才是创造历史的真正动力。”以此推论，时尚产品的设计，也只有深入大众之中，为大众喜闻乐见，爱不释手，才会得到持久的创新和发展。从秦汉一直到明清长达两千年的封建社会，从皇帝到各个品级的官员服饰上，镶绣有代表其身份、地位、官级的图案，有龙、凤、狮、虎、豹、麒麟、太阳、月亮、风云、江水等，这可以说是封建社会的“时尚”吧。而普通老百姓的衣装上，是万万不允许沾有任何这类图案的。实际上，老百姓能把肚子填饱，就是最大的满足了，封建社会中衣不蔽体是十分寻常的。因此，这种皇帝和官员的“时尚”是根本不可能传播普及的。20 世纪初，随着宣统皇帝的退位，整个封建社会土崩瓦解。也是此时，国人从西方及日本引进了设计，促使了中华民族有史以来最大的“设计”与服饰变革的平民化运动，创造了有符号意义的旗袍，也开创了一个民族化时尚产品设计的辉煌时代。直到今天，旗袍造型元素、旗袍款样、旗袍上绣描的图案，尤其是与女性生理体型贴合得几乎天衣无缝的内质，依然是国内外几乎所有时装发布会上的主体元素，更确切地说，旗袍已经成为经典。图 5-25 所示为我国从古代到近代衣物织品图案样式。

图 5-25　我国从古代到近代衣物织品图案样式

工业信息化时代的时尚实践，可以从以下几个方面着手。

1. 品牌效应的扩张深化

品牌不是孤立的。品牌除了是企业自身所有工作和组成的浓缩反映，更应该与时代紧密相联。只有与时代发展丝丝相扣，品牌的效应才有可能放大到最大。

1988 年汉城（现改名“首尔”）奥运会期间，韩国充分利用这一国际性体育盛事，上下齐心，向世界推出两个品牌：Samsung（三星）和LG（乐金），只用了几年时间，二者便与Sony（索尼）、Panasonic（松下）、GM（通用）、Benz（奔驰）齐名共誉，为韩国赢得大量外汇。韩国的产品成为国际产品，韩国的设计也成为国际设计，韩国一跃也成为中等发达国家。Samsung和LG还带动了一批装备制造业品，如机床、工程机械、建筑机械、汽车等。DAEWOO（大宇）、HYUNDAI（现代）、KIA（起亚）、Doosan（斗山）等韩国品牌标志出现在各个国家的工厂、道路、建筑工地中。秉承时代的时尚东风——天时、地利、人和，充分发挥国家的设计战略方针，韩国实现了其品牌的扩张深化。

2. 媒体聚焦的产业开发

经济一体化、网络使信息瞬间全球化，也极易形成媒体的汇交聚焦，形成一段时期（时段）的大众普遍认同的价值观、消费取向，也就滋生"时尚"的"温床"。近年来，人们已经习惯于媒体上的每个月、每半年、每季度，汇编一段时间内社会上的"流行语""雷人语录"、年度影视动漫大片、贺岁片等。2009年初，获得有史以来我国动画电影票房最高收入的《喜羊羊与灰太狼之牛气冲天》，虽然其设计与制作工具，是简便易操作的动画软件"Flash"，但巨大的媒体聚焦力使其主要视觉形象元素（各种"羊"、各种"狼"）成为文具、玩具、童车、童床等衍生产品的关联设计元素，并在2010年推出续集《喜羊羊与灰太狼之虎虎生威》，开创了动漫产业传承开发的新篇章。可以预见，与中国传统民俗十二生肖的巧妙结合，使这一品牌的产值开发后劲不可估量。我们倒有一个建议，读者不妨为该部动漫的后续生肖年——至少还有十个吧，设计一个系列的副题名，即"牛气冲天""虎虎生威"等以及相关的主体视觉形象——十二生肖。这可是有挑战性的设计练习。

敏锐抓住市场的时尚信息，提炼视觉元素并将其引入产品设计中，充分利用媒体聚焦，开发时尚产业的成功案例，可谓不胜枚举。二十年前，日本的科幻电视连续剧《奥特曼》，不仅影响了日本的青少年读者，也影响了中国的青少年。于是，奥特曼产品也是铺天盖地。今天20～40岁年龄段的成年人对当年号称"宇宙英雄"的奥特曼玩具应该都很熟悉。

利用"瞬间"媒体聚焦，创造最大产值的"董事长"的，当属奥巴马。2009年1月20日中午，美国历史上第44位，也是首位当选的非洲裔总统奥巴马就职典礼正式举行。这场为期四天的总统就职庆典，可以说是动用了一切传媒工具和途径：广播、电视、广告、网络，音乐表演、花车游行。当然就衍生出许多就职庆典的纪念品、工艺品，包括印制有奥巴马头像的银行卡、地铁票、邮票、手袋、帽子、徽章、圆珠笔、钥匙链等。面对由于2007年次贷引起的全球性经济危机，以及美国国内一系列社会、经济、军事问题，美国上上下下都希望这场国家典扎成为历史的新折转。根据统计，当天有来自美国各地的200多万民众到宾夕法尼亚大道现场观礼。保守估计，以每个人在交通、餐宿及纪念品方面消费2000美元计，当天消费总额就有40亿美元，这无疑是次贷危机以来，在如此短时间内，最大的一笔美国内需消费额，也拉动了许多相关产业。不得不说，是设计在其中起了重要作用。只要充分利用媒体聚焦的时机，就有设计的用武之地。

3. 其他行业的参照作用

紧扣时尚环节，开发设计新产品，策划产业方向，确定视觉造型元素，是投资少、见效快的途径。时尚诞生初始，是与时装服饰成一体的，后来逐渐扩大到室内设计、庭园美化、流行色（调）、新文化形态等广泛领域。每年，米兰、伦敦、巴黎、纽约、东京等春秋季时装发布会、流行色趋势预报的理念、元素、造型、文化、新价值取向等，不仅在服饰上，也在家电产品、IT产品，以及其他生活用品中，得到淋漓尽致的发挥。如今，即便是传统的机械、工程领域的产品，同样也参考应用时尚的元素。

设计师应该胸怀祖国、放眼世界，积极主动从其他行业中，吸收视觉元素，加以参照利用。大规模定制的技术工艺生产平台，也为个性化产品的低成本生产制造奠定了基础。参考限量版高级汽车模型（一般是真车大小的1/10~1/3）理念，如今IT产品的限量版（一般在1000~5000件）也往往伴随新型号、新系列产品发布会同时推出，如便携式电脑、上网本、U盘、数码伴侣、摄像头等。甚至为个人、企业量身定制的“孤品”，也可以在流水线上“走”出来，极大地满足了追求个性时尚人士的特别消费需求。

参照引用其他行业的设计策略，使产品设计的疆域实现了无穷化。

4. 民俗民风的文化产业

中国有一句老话：“三十年河东，三十年河西。”用在时尚的周期轮回上，也十分贴切。

“民族的就是世界的”，这是共识。这里的民族，指具有民族内涵特色的视觉元素和物化产品，包括语言、文字、音乐、戏曲、绘画、符号、雕塑、图腾、建筑、产品、工艺、民风、习俗、规章、伦理、制度等。

工业信息化时代，并不只是一味向前寻求全新的东西。传承经典的民族文化元素，并将其有机地融入时尚产品之中，既好看，又好玩，还能使人体验国学教育，发扬传播民族文化事业，振兴文化产业，是直接有效、易实现市场化的途径。

2005年11月25日，韩国江陵端午祭被联合国教科文组织（UNESCO）授予为人类口头和非物质遗产。这件事，瞬时在我国引发轩然大波。我们都知道，“端午节”的起源，是两千多年前华夏楚国百姓为纪念爱国诗人屈原，逐渐在民间确立的一个隆重的节日。虽然这件事对国人的刺激太大了，但是联合国教科文组织确认的遗传称呼事实已不容改变。不过换个角度，反思一下，这件事也是给国人当头一棒，韩国为什么要申报“端午节”，是为了纪念屈原吗？是为了在韩国添加一个世界认可的节日吗？还是其他？从设计产业的角度，如何理解此事呢？

根据太阳月亮运行规律，以及春夏秋冬四季交替轮回，华夏时期古人早就确立了以月亮周转为基准的农历历法，其中最重要的是二十四节气，多数伴有农耕文明的民俗民风的节庆活动（如春节）。国泰民安、国富民强，老百姓钱多了，就祈愿更多的精神享受和诸事顺安。因此，这些节气伴有许多礼仪、欢庆、表演活动，当然就需要形形色色的相关用品，吃的、喝的、唱的、跳的、玩的、乐的、送礼的、压岁的等，从设计的角度归类，无非就是娱乐品、纪念品、工艺品、消费品等。

除了农历节气，我国 56 个民族在长期的文化文明进化演变中，各自又有许多独特的节日和礼仪。人们需要用节日欢庆活动来烘托生活、学习、工作、娱乐的气氛。随着时代的发展，人们需要新的物品来构筑这样的节日，为生活添加新的内涵。

当然不同时代对物品的要求，至少在外形上，有与时代相对应的表现内容，时尚元素肯定摆脱不了干系。应该注意，传统元素和新的时尚，在内涵和外延方面都呈现“波浪式前进，螺旋式上升”的崭新特色。

古代四大文明体系中，唯一没有断代一直传承至今的中华文明，独特丰富的民俗民风是维系发展的根本支柱，也是时尚产品设计的取之不尽宝藏。

图 5-26 为一组典型的京剧脸谱画像。图 5-27 所示为以京剧脸谱为视觉元素设计的工艺品和纪念品（招贴画）。

图 5-26　京剧脸谱变现图

图 5-27　以京剧脸谱为视觉元素的纪念品

回顾历史、放眼未来，开发有民族特色的产品，可以做到年年有时尚、季季有时尚、月月有时尚、每周每日都有时尚。当然，在时尚产品中有机融入经典的文化元素，产品的内涵和外延就更厚实了。

如今经济收入不断提高的国人，也越来越关注理财，包括投资、收藏文物，全国有些电视台陆续推出的《寻宝》《鉴宝》《文物鉴赏》《一锤定音》节目，对开发具有民族文化特色的创新产品，无疑可以构筑广泛的群众基础。

5. 重大事件的经济转型

重大事件包括文化、科技、体育、政治领域的重大事件，也包括自然灾害、疾病流行传播、战争等严重危害人类生命、健康、财富的事件。以今天的市场经济视角，每一个重要的事件，都是经济发展的重要时机，也就都是新产品跨跃发展的重大机会。

2009 年末至 2010 年初，南方奇寒，几十年未遇。不少商家抓住这波寒潮带来的商机，及时开发生产了暖手、暖脚、暖被窝的电暖器，不仅满足普通居民对形式多样保暖器皿的日常需求，而且受到高等院校学子的欢迎。商家也充分利用现代网络通信的便利销售平台，通过一个电话，一个电子邮件或一条短信，快递公司即可送货上门服务。虽然是隆冬，可神州大江南北洋溢着暖意。在这波寒潮中，聪明的设计师和厂商赚得盆满钵满。

2008 年北京奥运会、2009 年新中国成立 60 周年大庆典礼，适逢太阳能光伏光电产品、发光二极管产品（LED）工业化规模生产的历史时机，相关企业主动进入市场，积极服务这些重大的庆祝活动。奥运会开幕和闭幕仪式和新中国成立 60 周年国庆夜庆联欢，有大量的 LED 产品、用品、纪念品、装饰品。当时艳丽多姿，五彩缤纷的灯光、灯景，间接地把我国改革开放、国富民强的美景展现在全国人民、世界人民的眼前，同时也极大地促进了我国由太阳能、LED引领的现代科技成果向实用产品转化的进程。

2010年中国上海世界博览会开幕前，恰逢哥本哈根世界环境发展大会召开，此次大火节能、减排、绿色依然是主题。中国政府向全世界庄重宣布，这一届世博会，所有场馆建设以及展示活动，低碳经济产品是主导，这也是2009年底中共中央会议号召转变经济发展方式的决策方向。这一届世博会，无论是在中国馆、世博轴，还是在城市最佳实践区、各国馆会，人们都可以看到许多前所未有的产品，但所有的产品都有共同的特色，就是绿色、环保、低碳，充分诠释“better city better life”的世博主题，当然，也创造了当代时尚产品引领发展的主流。

（三）创意设计中的时尚引领

时尚是综合体。随着经济发展，物质基础日渐雄厚，人们有时间、资金、空间来追求种种感官及心理的舒适和满足。

一般而言，时尚综合体有下述特点：①符号性；②即时性；③短暂性；④无缘性；⑤随从性，⑥反叛性等。

时尚，是魅力，是紧贴时代，提炼时代，也是融入时代，引领时代。对时尚的敏锐感悟、提炼引领，以及迅捷有机地设计开发充满时代主流特征的时尚产品，是企业，尤其是时尚产业能立于时代市场之林的关键，是一切时尚战略及战术的主导。

重现时尚引领之关键，特别应重视着手几个方面工作。

①善于从时代文化、重大事件、媒体聚焦热点中寻找设计突破口。利用新流行色、新科技、新材料、新工艺，设计适合不同消费者需求的新产品款式。当然要做到：第一，紧紧抓住时代的特征；第二，紧紧扣住时代的脉搏；第三，紧紧把握时代的机遇。

②密切关注国内外相关产品的变化趋势，预测规律，充分发挥时尚元素在拓展产品市场方面的功能。

③解放思想，突破观念，在经典中发展时尚，在时尚中传承经典。

④充分重视品牌与时尚元素的有机融合。

二、创新驱动——产品创新设计方法之一

（一）创新远瞩

创新，概括而言，就是利用已有的自然资源或社会要素，创造新的物质文明和精神文明载体的人类创造活动或行为。产品创新，是关于“产品设计如何能满

足目标市场开拓和发展的功效性要求”的创新。

纵观工业革命以来的发展历史，人类经历了从蒸汽机到计算机 200 多年的工业化、电气化、现代化和信息化的变革。不难看出，无论是过去的蒸汽机、电力（机）的发明及应用，还是当今以计算机软硬件为平台的网络数字化技术，创新对工业经济增长和社会文明进步的作用，都远远超过了工资和劳动投入的影响，也远远超出了人们的想象。可以说，工业文明的发展史就是一部由无数技术创新、产品创新所构成的创新史。创新是人类文明发展的永恒主题和推进剂。

创新思维、创新理念的培育，可以从日常小事做起，可以触类旁通，可以借鉴其他事物，也可以白手起家。但是具有市场竞争力，持续保持市场竞争力的创新产品开发，是系统的、远瞻的计划和规划。

1 2 3 4 5 6 7 8 9 0
I II III IV V VI VII VIII IX X
ONE TWO THREE FOUR FIVE SIX SEVEN EIGHT NINE TEN
一 二 三 四 五 六 七 八 九 十
甲 乙 丙 丁 戊 己 庚 辛 壬 癸
壹 贰 叁 肆 伍 陆 柒 捌 玖 拾
家 田 父 女 子 姐 兄 妹 弟 庭

图 5–28　不同的符号设置

图 5–28 显示了不同国家、不同文字、不同学科、不同领域，有不同的字符、语言、元素、符号、代码、技术、工艺，然而不知是巧合，还是内在联系，这些属性截然不同的元素，组合在一起，是如此的和谐、有趣。生活、学习、工作、娱乐中，处处有触发创新的机遇。

广义上来说，工业设计范畴的产品创新，包括产品创新、工业创新、市场创新、管理创新以及设计创新。狭义上的产品创新，是改造和创造新产品，进一步满足消费者的新需求，开辟新的市场，拓展新的行业。

创新是提高产品的竞争力以及性价比的关键途径。虽然实用新型专利的授权仍然以创新为基本标准，但发明专利则完全归属于创新的范围。创新是一个设计师、一个企业、一个国家不断发展，不断立于市场，不断为消费者提供新产品的前瞻以及远虑。当然，作为产品诞生的决定性因素，设计创新，或者创新设计，无论在设计理念上，还是在设计方法、设计工具和与产品制造、检测、维护、升级换代等有关的新技术、新材料、新工艺的进展及知识，都是现代产品设计人员所必需的。

改革开放40年，特别是进入21世纪以来在与国际上先进的企业的市场竞争、“强强对话”中，国内有眼光、有抱负的企业家都认同了这样的可持续发展的方针和策略，即“市场销售第一代产品，企业制造第二代产品，研究部门开发第三代产品，设计师思考（创新）第四代产品”。前瞻性是创新一切工作的集中体现。

（二）工业信息化时代的创新实践

1911年，美国经济学家熊彼特在他的《经济发展理论》（*Theory of Economic Development*）一书中，列出了三种促进企业创新的途径或方法：引入一种新的生产方式；开辟一个新的市场；获得一种原材料或半成品的新供应源。综合起来，熊彼特的概念中还包含了管理组织的创新。

工业信息化的当今，设计手段、设计工具、制造装备、科学仪器、交通运转、强有力的能源供给，为产品设计创新，构建了扎实的基础平台，使得产品“只有想不出，没有造不出”，“只要产品好，就有用户买”。

产品“创新设计”中的“新”字，简单而言，就是设计出别人没有的新产品，从这个意义上，“新”字与“概念设计”含义相近。

科学家钱伟长先生总结个人的科学工作经历并归纳前人的经验，说有五种论文是“好”（创新意义）的论文：建立一个新的理论；从公认的前人建立的理论中发现错误或缺陷，并提出正确的理论；建立一种新的实验方法；发明一种新的工艺方法（生产方法）；将一个学科的理论或方法移植到另一个学科的理论或方法的研究，并且取得成功。

虽然产品设计不是科学研究及实验分析，但上述五种“好”论文，对我们如何理解产品创新设计大有裨益，不无启发。沿着这条思路，借鉴“产品概念设计”的理念，工业信息化时代的创新实践的方式方法是有思路、有方向、有措施的。可以在以下几个方面制定策略，展开具体的创意创新工作。

1. 在现有基础上的重大提高

20世纪60年代，连续铸钢轧钢技术（简称“连铸连轧”）在世界主要工业国家兴起，相继出现了立式连铸连轧机、弧形连铸连轧机、水平连铸连轧机，虽然不同装备系统的机理和工艺基本相同，但每一个后者都比前者在技术和生产产品（钢材）方面，都有长足的创新和革新，使设备复杂程度简化、产品质量稳定、产品品种范围扩大、操作简便、维护更易行、安全性提高，最终使终端产品——钢材在市场上的竞争力显著提升。

2. 对现有设计能力、生产能力的挖掘

1961年，原上海重型机器厂和江南造船厂合作，研制成功了我国第一台万吨水压机，震惊世界。万吨水压机标志着一个国家的重大国防能力，标志着我国可以制造战略性的军舰装备。当时，在苏联技术人员撤退及主要发达国家对中国实施科学技术封锁的极端恶劣国际环境下，我们的产品设计师、工业技术人员以及一大批自力更生、奋发图强的工人，面对谈不上先进的设计手段、生产机床，充分挖掘潜力、群策群力、鼓足干劲，研制了这台高达 34 米的庞然大物。这也在当时创造了一个时尚（当时称为“新生事物”）的流行语:“蚂蚁啃骨头”。

3. 开拓新的领域

城市的发展，在空间上是立体的拓展，伴随着人口集聚、交通拥挤、摩天大楼林立，许多地方寸土寸金。因此开发地下，利用地下空间，成为现代城市拓展的新领域，也出现了形形色色适合于城市地下空间发展的新产品，其中最典型的对象可以说是隧道掘进机（又称“盾构”）以及城市内轨道交通系统。

短短十年的时间，我国在“盾构”方面以及对城市轨道交通设备的研发、设计、制造的水平和能力取得了突飞猛进的发展，为世界瞩目。

到 2010 年 4 月，上海地下轨道线路的总长已经超过 400 千米，创造了用 15 年时间超过西方国家 100 年的发展规模。

城市地下空间系统的开拓，也带来了许多其他行业的发展，如土木工程、建筑工程、控制系统、安保措施、房地产行业、自动控制系统、轨道公共标识系统，以及其他第三产业。

应该清楚地认识到，我国的城市轨道交通系统尚处于起步阶段，无论是设备、控制，还是管理、服务，远远不能满足城市飞速发展的需求。一列机车价值一个亿的现实，对相关行业的产品设计师来说，发展的空间实在是太大了。当然，也必须清醒地看到，发达国家的相关企业和设计师，一直对这个利润空间巨大的市场虎视眈眈。

可喜的是，在我国从中央到地方，各级专家和工程技术人员把城市轨道装备与高速铁路、磁悬浮等现代高科技交通系统有机地组合在一起，进行国家级的巨大工程开发，我国相关技术和装备已经实现“进口转外销”，中国的高速铁路机车和轨道技术和设备出口也到达美国。中国的港口机械及专用装备（振华港机）遍及世界各大港口。挖掘地铁隧道的“盾构”也不断创出掘进速度和外径的世界第一。没有创新，是不可能有这样的伟大成就。

图 5-29 所示为一套地铁机车及候车厅设计方案，本方案获得 2006 年度“上海电气杯工业设计大奖赛”金奖。

图 5-29 所示的车外形，车厢内饰、候车大厅室内设计，均体现了整体视觉 CI（Corporate Identify，企业形象识别）系统的一致性，当然涉及许多相关产品的创新设计。

图 5-29　地铁机车及候车厅设计方案

4. 探讨新的交互方式

1837 年，美国人塞缪尔·莫尔斯（Samuel Morse）发明了有线电报，并获得了美国专利。与此同时，莫尔斯还用点“·”和划“—”发明了一套简单易变的字母和数字的编码系统，被称为莫尔斯密码，从而开创了电报拍发的时代。

电报和莫尔斯密码，改变了长久以来人类的交流、通信、交互的方式，在军事、航海、铁路、商业以及个人通信等许多方面开创了崭新的应用领域。令人不可思议的是，只要拥有一个简单的手动触发装置（产品），通过莫尔斯密码的编码和解码，就可以实现人与物的交流，发报与收报（人手触动发报机按钮，并接收电脉冲信号）。

一个小小的装置，不需要语言，不需要文字，也不需要图像，只是用手指轻轻按动其上一个小弹性杆，以长短（“—”“·”）不同的组合，就能传达军事指令、航海方向、火车到点的时间，以及报一声家事平安。发报机（电报技术）和莫尔斯密码的内容、内涵、变化无穷、神秘的编码、组码以及诱人的魅力，是人类交互式发展史中具有里程碑意义和作用的产品和体系。

“—”“·”也可以归类为二进制编码体系。与二进制相关的应用产品很多，如中国的算盘、机械式计算器、电脑、交通信号灯、逻辑电路等。以二进制原理制作的产品，给人类的生活、学习、工作、娱乐等带来极大的便利。

当今时代，人机交互的集中应用典型代表就是IT产品，机械式按钮、导电橡胶按钮、红外线遥控、触摸屏、语音输入、指纹识别、芯片码以及大大小小琳琅满目的显示屏切换界面，吸引着不同爱好、个性需求的消费者群，适用于不同的服务领域，易学易用，构成了不断延展的时尚风行的天地。

在产品基本功能不变的前提下，对操作面板的构成进行设计，可以扩大产品的市场销售面，不失为一种有效的创意手段。

5. 改变或开拓新的社会环境

人类的发展史是与自然抗争、改造、适应、和谐的发展史，也是不断开辟新的生存和社会环境的发展史。从平原到高山，从草原到沙漠，从河流到海洋，从陆地到太空，从陆地到地下，人类的足迹和身影几乎涉及地球的每一个角落。

人类的生活、学习、工作、娱乐社会环境的每一次跨越，都依赖于大量创新产品的支托，环境的变化同样也提供了创造新产品、新市场、新应用的天地。公路自行车、赛车、山地自行车、童车、轮椅车、旱冰鞋、电动车等形成了代步器的产品世界。通常，我们认为航天器主要是指宇宙飞船、航天飞机，其实迄今为止，最大的航天器是太空站（space station），最小的航天器是宇航服（space suit）。不同大小、不同形状、不同功用的航天器，提供了各种特别的“室内环境”，为宇航员在外太空的生活、学习、工作、娱乐创造了新的“社会环境”，当然同时相配套的是，许多附带的太空产品应运而生。

6. 无任何框框约束的思维发散探索

人类文明史揭示这样的事实：每当具有划时代意义的新行业、新材料、新工艺、新工具的出现，都为新产品的创新创造构筑了新的平台。瓦特的蒸汽机推动了工业革命，法拉第和麦克斯韦的电磁感应定律建立了电气技术和以后的电气时代，玻尔和爱因斯坦的量子力学开创了核时代。后来还有由许多科学巨人所共同努力的结果是，构建造就了计算机和互联网。

这里以“代步器”为例说明，或许对学子而言，更易于领会。一个三角架、前后两个轮子这种纵跨几个世纪的基本结构，一直是“自行车”的代言物和经典形象。我国南方一些地区，还把自行车称为“脚踏车”。在2007年、2008年、2009年“环法自行车赛”电视实况转播中，所看到的赛车结构都是如此。这种“一个三脚架、前后两个轮子”，是否就是自行车的最优结构？反过来理解，自行车的新产品开发，是否就没有办法突破这种经典的约束了呢？图5–30为多款别具特色和功能的代步器新样品。

图 5-30　一组功能及样式别具一格的“代步器”研发样品

但是，“代步器”术语的出现，对改变“自行车”根深蒂固的大众习惯，有猛击一掌的效用。事实上，双脚始终不着地面，而只是依靠人的体力（四肢运动）来产生驾驶的动力，并控制前行、后退、转弯的效果，达到这些功能的任何一种传动装置（《机械原理》的定义是“机构”），就是“代步器”的定义和实质。这种对“代步器”范畴的全盘解构、分析，从概念到原理，到人机交互等，无论是其中某一环节的突破，还是全新的综合，其结果，将可以实现小到改变改进产品的局部，大到打破传统的思维框框，设计出崭新的产品（很可能是全世界独一无二的）。这种对产品定义的“穷追猛打”“锲而不舍”“吹毛求疵”的执着求知精神，对产品设计的突破，尤其是让设计创意思维发散探索、驰骋在无疆域的自由王国，实在是太重要了。图 5-31 为四款“概念性”的代步器方案。

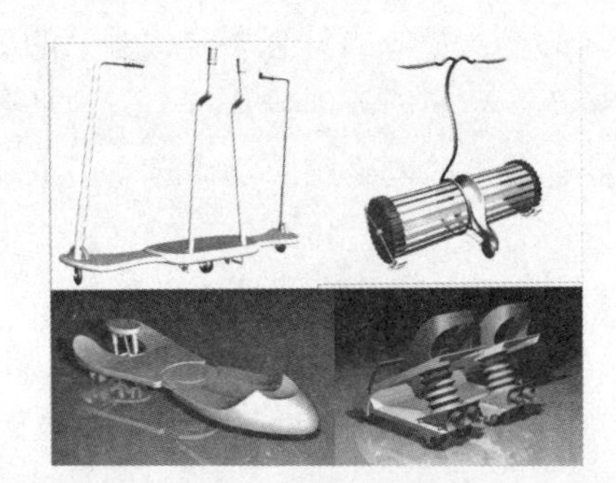

图 5-31　四款“代步器”概念设计方案

（三）创意设计中的创新驱动

创新是远瞻，是瞄准未来，是决策企业的可持续发展。创新驱动可以从下面几个方向着眼。

①紧紧围绕国家的战略决策和战略方向。我国“国民经济五年规划纲要”、2049 年新中国 100 周年时达到国际中等发达水平的远景目标，都是企业创新驱动

的战略规划。

②紧紧跟踪国际最新发展趋势，力争有所超前和领先。“不进则退，小进也是退”，须知，你在进，发达国家也在进，发展中国家也在进，故必须“快马加鞭”。

③做好市场、预测市场、发展市场、引领市场。做到“人无我有，人有我精，人精我变，人变我新”，也是企业发展新产品的十六字方针。

④遵循国际规则，充分发挥以专利为代表的知识产权的双刃剑作用。认真学习其他人的发明专利所透射的新技术、新工艺、新方法以及“技术垄断”的功用，同时学习创新的理念和手段，并将其注入自己创新产品的开发中。

⑤发展企业产品概念设计“知识库”。形成新产品研发费用与企业每年利润捆绑的良性发展制度，以企业年利润的固定比例投入到产品库的规划创意工作中，这也是抢占知识高地、开拓未来市场的重大措施，同时也是激励企业技术人员面对创新设计永葆斗志、挑战自我、不断提高竞争力的可持续管理战术。

⑥拓宽企业的业务领域。“它山之石，可以攻玉”。企业开拓新的领域，可以极大地扩展视野以及发展的后劲，触类旁通，举一反三，并能以清醒的头脑，换角度反思本体工作的缺陷，甚至重大障碍，达到自律自查，会有意想不到的效果。

第六章　多元文化下产品创意设计的模式选择

第一节　产品设计中的意义传达

一、产品设计中的“达意”与“传神”

借由实质的产品传达无形的且不为人了解的地域文化内涵，是地域性文创产品最主要的存在目的。产品设计的实质是一个从对产品意义到产品神韵的传达过程。将符号形式背后的深层意义与所要表达的隐性情感传达出来，实现文化创意产品引起使用者回忆、联想、进行情感交流的目的。

（一）设计中的意义传达

能够传达意义的设计不仅需要其形态极尽可能地表达出所选地域文化的表象特征，而且让使用者能够借此产品感受到文化的深层内涵。在对文化创意产品的设计过程当中，首先需要对广义的地域文化内容进行探究，经筛选整理出代表该地域的文化核心价值，再透过撷取出的有形的视觉符号元素及无形的语义元素转化至实际的产品。所以，基于地域生活方式的文创产品设计，必须先深入文化的内涵，探究其核心价值，达到视觉美感与文化意义相互融合的效应。

将文化分为三个层面进行分析探讨，并提出将文化创意产品置于文化的三个层面中进行设计，以此考虑到产品所需的设计因素。

①将文化外在层面的意义表现在产品的外形、色彩、材质、表面纹饰、细节处理、部件组成等外部属性上。地域性文创产品通过其外观体现出的独特地域文化能够直接吸引人的注意。

②基于地域生活方式的文创产品在设计时，对文化中间层面的表达是重点，将文化中间层面的意义透过产品所涵盖的功能、操作方式表达出来，可以是对某

一具体的行为活动或产品操作行方式的模拟。产品设计后的可实用性、可实现性，以及是否达到使用者的需求都是需要考虑到的设计因素。这可以使人们在实施操作的过程中感知当地人的生活方式。

③文化内在层面意义的表达是指产品有特殊含义、产品是有故事性的、产品是有感情的，是对使用者心理、精神以及其他社会或层面需求的考虑。

文化自下而上的区分归类于意义表达的过程中，对“人、事、物”的认知与理解更加迅速方便，也更容易定位。

（二）设计中的神韵传达

对产品文化神韵的传达，是对文化意义表达的递进。只有充分表达出产品的文化神韵才能令使用者产生文化共鸣，对产品所传达出来的意义心领神会。这不仅能让使用者对某一地域的文化有充分的理解，甚至能够唤起人们对身处该地域时的回忆。产品的设计需要具有丰富的情感语义以及对产品情感基调的准确把握。比如，为江南水乡而设计的文化创意产品，整体的基调浪漫、朦胧、温婉，与之相应的元素符号也具有温柔、诗意的特点。而为热情、豪迈的西北地区设计的产品，传达出来便是粗犷、坚毅的文化韵味。

产品需要能够传神的元素。这种元素并非来自产品的某种具体的形态特征，而是由形态元素创造出来的地域文化的深层含义，来作为能够唤起使用者联想和共鸣的情感诉求点。图 6-1 所示的这款产品都以日本富士山的形象作为造型元素，标志性的白色雪山顶与环绕山间的浮云，传达出空灵纯洁的唯美景象，这是对“达意”的成功把握。在不同产品类别中对富士山的形象生动描绘，正是源于日本人对富士山的深厚情感。日本以它的存在而骄傲，表达出对富士山的崇拜。

图 6-1　加湿器设计

产品在设计时，对意义及神韵的传达，是产品向使用者传达语义的有效途径，是基于地域生活方式的文创产品设计模式中的关键，能够主动引导用户思考，提升用户兴趣。

二、叙事性设计方法的应用

（一）叙事性设计的必要性

基于地域生活方式的文创产品的设计的重点在于用户的体验，在体验中用户才会有感动，设计师通过自身的认知把故事的能量赋予文化创意产品当中，这样才能引起用户的文化认同感。用说故事的方式，使地域文化符号的转换更为合理，并以可视化的方式呈现出来，让地域生活方式更真实清楚地展现在用户面前，进而确定产品的价值。故事怎么讲，我们需要基于叙事性设计的方法，其价值在于利用“叙事”的作用，使用户在使用的过程中与产品之间产生深刻的情感交互。

叙事性设计是对产品的物质属性及精神属性兼顾的一种表达方式，即用户在使用产品的过程中不仅能满足其所需的物质功能，还能了解到产品所传达的精神内涵，产生情感的共鸣，与基于地域生活方式的文创产品的设计目的一致。这就是说将文化创意产品视为文学作品，通过说故事的方法来感染、说服用户，吸引用户去使用产品。

图 6-2　“功夫茶”茶具设计

图 6-2 所示的“工夫茶”茶具的设计中，对功夫茶的理解源于中国传统文化，其过程充满着功夫与哲理的意义。“品工夫”茶具的设计构建出“一人独饮”的情境，在这个情境中，产品不再是单纯的使用功能的表达，意在表达出在忙碌的工作之余，可以独享喝茶雅趣的文化体验。所以如何构建情境将是设计打动人的关键。

（二）叙事情境构建要素的分析

叙事设计最重要的是建立一个合理的情境，包括“人”“环境”“物”三个要素。情境中的“人”，也是产品的使用者，包括长期生活在这一地域的“本地人”，他们的思维意识、行为方式等都具有典型的地域特色。而另一种就是相对于“本地人”的“外地人”。具体的故事板中“环境”包括了物理环境和社会环境。物理环境指的是一种情景，包括时间、地点等因素，而社会环境便是整个地域文化的反映，是整个故事板文化主题的构建框架。“物”在故事板中不是具体的内容，而是某个实体功能的体现。而在文创产品的设计中这个“功能”便是指将撷取出的文化符号转化至具体的产品上以满足用户的需求。

（三）情境构建的模式

设计者要说出故事策略的安排，说一个文化市场能接受的、吸引人的故事。这不仅是符号语义的问题，还包括了系统间的互动的问题。设计者需要深入思考符号运用转换的方法以及说故事的策略，进而加深地域文创产品的文化内涵。用户本身作为“事件”构成的要素之一，其获得的产品功能、情感体验以及透过对生活方式的感知而带来的心理感受都将由设计展开。

叙事性设计强调“事”的发生中各个构成要素之间相互影响、相互作用的关系。当事件发生时，各个要素将产生或单一或错综复杂的联系，从而展现出一个动态的叙事情境。之所以它是一个动态的叙事情境，是因为各要素在情境中不是静止不变的。这种变化既包括空间与时间的演进，也包括人的使用行为、心理要素的改变，从而使产品的形态、功能、操作方式发生变化。这些情境中的要素又直接影响着故事的基调，所以，情境的构建取决于各要素的状态及如何作用于整个“事”。对各个要素是否会发生变化以及会产生怎样变化的把握，是确定设计主线的根本，并且引导用户理解设计者的设计意图和所要传达的信息。

情人节时，布鲁塞尔街上的交通灯就会变成心形，并通过交通信号灯上的人形图标表达出“追逐爱情”“爱人相遇”等故事的情境构建，让交通灯的使用变得有趣且能打动人（见图 6-3）。受认知经验的影响，利用设计比喻手法，红色信号灯和撑伞的女性传达出停止、拒绝、等待、伤感的意义，而绿色的男士进行信号灯怎会有前行、勇敢追求、无限生机等语义的倾向。信号灯闪烁的形式给用户提供了一个引导其思考的“动态情境”。信号灯给予用户的是一个关于爱情的暗示，用户对符号的解读随着自然环境、自身心情的变化而变化。

基于地域生活方式的文创产品的设计方法，最根本的是对地域文化的所观、所感能有一个清晰的认识，并且能敏锐地抓住打动人的设计痛点。而对“情境”的内涵意义的掌握，则是如何利用叙事设计的重点。通过对有针对性的叙事情境的分析，获得产品贴近生活、引导生活的存在价值与设计方向。

图 6-3　布鲁塞尔情人节信号灯

第二节　多元文化产品设计的符号意义表达

一、外延意义与内涵意义的定义

外延意义讨论的是与符号和指称物之间的关系，即由产品形象直接说明产品内容与使用方式本身。它是一种理性的信息，如产品的构造、功能、操作等，是产品存在的基础，是一种显意义，是产品的固有意义。

内涵意义是与符号和指称事物所具有的属性、特征之间的关系有关。它是一种感性的信息，更多与产品形态生成有关，即由产品形象间接或明确产品表达物质内容以外的方面。产品在使用环境中显示出的心理性、社会性或文化性等非物质意义，也就是个人的联想（意识形态、情感等）和社会文化等方面的内容。它比外延意义更加多维，更加敞开，相对外延意义而言它是一种增添的意义。

在通常的产品设计中，人们经常通过机能性的描述，使被指称的产品具体化，即进行产品外延意义的设计。然后才是考虑产品应该给人以什么感觉，产生什么样的情感。举例来说，当设计一辆汽车的时候，我们首先考虑到一个符号的基本外延意义，即汽车的基本功能性意义的满足，这是使它成为一辆“汽车”而不是其他物品的基础，如用来支撑和移动的轮子、用来操控的驾驶室等。而当我们把“汽车整体当作一个符号的能指（形式），那么则可由设计师自由发挥，使其具备不同的所指（内涵意义）。这也是设计表现出多样性的原因。

二、外延意义

由于一切产品和物品都形象化地给人以感官上的导向，事物的功能、属性、特征、结构间的有机关系等都以形象性明示语意加以展示，对产品的使用者具有指示作用，并有机地作用于人们的视觉、触觉等器官。消费者通过产品形态中的指示符号了解产品及其构件的功用，结合以往的生活经验，做出“这是什么产品”“如何使用”“性能如何”或“可靠性如何”等逻辑判断，从而进一步理解产品的效用功能并掌握使用方法。所以外延意义应该为产品提供以下语意。

（一）功能性语意

产品的功能是指产品与人之间那些能够满足人的某种需要的相互作用。就大范围而言，实用、象征、审美、表征等都可称得上产品的功能。而此处所述特指产品的实用功能，即指设计对象的实际用途或使用价值。比如，洗衣机是用来洗衣物的，碗可以用来盛食物，床可以用来休息等，都属于实用功能。功能性语意塑造所要实现的就是这种实用性内容，并由实用性牵涉到多种功能因素的分析及实现功能的技术方法与材料运用。在产品功能性语意的塑造中，功能语意通过组成产品各部件的结构安排、工作原理、材料选用、技术方法及形态关联等来实现。

功能性语意应该主要提供下列几个方面明确。

①明确的功能区域划分。独立的产品功能面，如显示屏或控制面板，能够从产品的整体形态中明显地分割开来。抬高、下凹、材质对比以及色彩对比等都能使它们更容易与产品整体区分开来。

②功能群组化。根据“格式塔”视觉规则，将产品中功能相关的一组组件群组在一起，施以相同形态和色彩，力求产品的简洁。

③体现产品的品质。设计师应该使产品在视觉上，体现其结构上的耐用性，同时还应该体现其使用上的稳定性。纤细、棱角、完美的平面，干净的边线以及明显的次序线体现产品精细的品质。

功能性语意是产品中普遍而共同的因素，它能使全人类做出同样的反应，可以使设计达到跨国界、跨地域、跨民族、跨文化的认同。因此，我们应该树立功能分析的观念，注重对功能的改良和创新，运用理性的思维方式设计出能被大众理解和接受的造型。

（二）示意性语意

在现代工业出现以前，由于技术发展迟缓，产品造型的演变也是逐渐的，人们对辨认一件产品不会感到困难。现代工业出现以后，产品设计与工艺制作过程脱离，造成了产品形式与功能的脱离，对于不熟悉它的使用者来说是难以操作的。

产品要为人们所理解，必须要借助公认的语意符号向人们传达足够的信息。向人们显示它是怎样实现它的功能，从而使使用者确定自己的操作行为。

示意性语意的塑造就是要求产品设计师找到一种能准确传达信息的语意符号来表达产品的操作方式。比如，将按钮的表面做成手指的负形、操纵杆的外形做成手掌的负形、体重计踏板做成脚掌的形状，通过形体本身的造型语言即可说明它的使用方法。这其中最常见的例子莫过于火车上使用的水龙头，其开关的控制方式历经旋钮、按键、脚踏而越发趋于合理、方便。

示意性语意除要传达产品如何使用的问题外，还要通过其自身的形态、色彩向人们传达是何种人使用的问题。比如，大家在逛商场时都有这样的感觉，什么是儿童用品，什么是女士用品，什么是男士用品，从不会弄错。在这里，产品就是通过自身的形、色、质等示意性的语言向消费者传达了什么人使用的问题。这需要设计师知道一些基本的造型知识，如水平的形体给人以安定感，直立的形体给人以挺拔感，曲面的形体则给人以柔和、可亲的感觉以及不同的颜色会给人不同的心理暗示，等等。

李乐山教授指出了产品设计中应当提供以下五种示意性语意表达。

①产品语意的表达应当符合人的感官对形态含义的经验。人们看到一个东西时，往往从它的形和色来考虑其功能或动作含义。看到“平板”时，会想到可以“放”东西或可以“坐”等。“圆”代表可以旋转或转动的动作，“窄缝”意味着可以把薄片放进去。设计要注意用什么形状表示“硬”和“软”，以及“粗糙”“棱角”对人的动作的含义等。

②产品语意表达应当提供方向含义，以及物体之间的相互位置、上下前后布局的含义。任何产品都有正面、反面、侧面。正面朝向用户，需要用户操作的键应该安排在正面。设计时必须从用户角度考虑产品的“正面”“反面”分别表示什么含义，用什么表示“前进”“后退”，怎么表示“转动”“左旋”“右旋”，用什么表示各部件之间的相互关系。

③产品语意表达应该提供形状的含义。电子产品有许多形状，这些内部的各种状态能够被用户感知。例如，用什么表示“静止”，用什么表示“断电”，用什么表示“正常运转”，用什么表示“电池耗尽”等。

④产品语意表达必须使用户能够理解其含义。电子产品往往具有“比较判断”的功能。例如，用什么表示“进行比较”，用什么表示“大”“小”，用什么表示“轻”“重”或“高”“低”等含义。

⑤产品语意必须给用户表示操作。要保证用户正确操作，必须从设计上提供两方面信息和操作顺序。许多设计只把各种操作装置安排在面板上，用户看不出

应该按照什么顺序进行操作，这种面板设计并不能满足用户清晰使用的需要。同时设计师还必须向用户展示各种操作的过程。

三、内涵意义

内涵意义体现着产品与使用者的感觉、情绪或文化价值交汇时的互动关系。因此，指向并不使得产品与其属性形成固定不变的对应关系，这使不同的观者对同一产品，有时会理解出不同方向或程度的内涵性意义。例如，消费者认为产品有某种现代、简洁的感觉，或通过消费产品感受到一种时尚的生活方式，或从计算机服务器产品中感受到一个高性能的，让人值得信赖的品牌和企业形象。内涵意义一般提供下列一些语意。

（一）关联性语意

关联性语意是指利用生活中的隐喻手法，借用与已有形的相关、相近、相似、相对的关系，通过间接指涉，由此及彼而给人以新颖别致、有趣味的感觉。比如，甲壳虫汽车、老鼠形鼠标等。

关联性形态所表达的语意往往是隐含的，需要靠常识经验和想象力加以引申。用户可根据自己生活阅历和审美趣味的不同而赋予这种关联性的形态以不同含义或无含义。设计师在传达这种语意时也是弹性的、模糊的，他不会明确地告知用户自己这样做的意图，只是借用这种有趣的形式给人以想象理解的空间，赋予产品以韵味。它易于表达某些联想和暗示，能产生较深刻、含蓄的意境。

关联性语意按与被关联对象接近程度的差异可分为显性直接关联和隐性暗喻关联。显性直接关联多是仿生性造型。仿生性设计作品往往给人幽默可亲的感觉，令人过目不忘。而隐性暗喻关联则多为抽象的造型，它能体现出设计者的设计哲学和艺术风格。

现代的产品设计关联性语意常常被用来产生产品的情趣，用产品的造型、色彩以及材质来体现生趣、机趣、谐趣、雅趣、天趣、理趣等。

同时，也可利用关联性语意对产品市场进行分析，如利用关联性风格词汇对产品进行相对语意坐标的分析，从而便于产品的风格定位。

（二）象征性语意

人类通过自己制造出来的各种产品的外观形式来传达信息，产品的外在形式除直接显示它自身是什么，如何使用之外，还可以传达某种信息，说明它代表了什么。在很多情况下，象征性语意的塑造是借用某种具有某种程度的共识的代表性的物来表达的。这种物可以是具象的也可以是抽象的。它借用的是物的隐性含义，如流线型代表速度，有机型象征生命，蓝色代表科技，银灰色象征精致，白色象征纯洁，绿色象征生命，鸽子代表和平等。因此，要遵循人们的心理经验，才能使象征性语意的塑造更容易与观众沟通。

一般说来，象征性形态具有识别社会角色和传达特定观念两种功能。因此，产品象征性语意的塑造也存在社会角色的塑造和特定观念的传达两种形式。

①社会角色的塑造。社会是由不同性别、职业、阶层地位的人组成的，每个人都担当一定的角色。我们往往可以从产品的形式判断其使用者的社会地位、职业、出身、经历、文化教养、经济状况，等等，了解他扮演的是什么社会角色。例如，人们常习惯于从一辆小轿车的型号及其豪华程度来判断车主人的社会经济地位。知名品牌劳斯莱斯从这种象征性语意的塑造入手，将自己的产品分为三个等级，对每个购买其品牌车的人都要细微了解，并严格审查。正是这种做法保证了劳斯莱斯品牌的个性风格和其深层的文化底蕴，使许多人的愿望得以实现，从而使品牌经久不衰。

②特定观念的传达。产品的外观形式或某些形式因素可象征地表达一定的观念。比如，除流线型车身分别象征了高科技和速度等外，还有十字架表示基督教徒的信仰，戒指戴在不同的手指上可分别表达爱情、婚姻等状况。而有些特殊物品，如宝剑等，更是由于掌权者的佩戴或在执行某种权力时的特殊作用，其本身已经成为权力的象征。又如，日常生活用品中的四大件曾一度是中国百姓富足和引以为骄傲的标志。

（三）表征性语意

语意的形成有的是有意识的、精心设计的，有的则是由环境、历史、文化等附加进去的。这是因为在器物设计制作的过程中，不可避免地要受到周围环境的影响和支配。每一种文化在造型方面的外部特征，都对样式有所选择。这种选择来自历史、地域、人种、习性等诸多原因。或者说每一个民族对造型形式的选择，都有其民族文化、历史、习俗等因素的渊源。在这里，环境有超出实用功能和可识别性以外的种种意蕴和文化内涵。

正因为如此，器物从古至今都被文化人类学家、历史学家、考古学家列为重要的研究对象，用来研究特定时期的人类生活形态需求情况、社会状况、技术与生产方式、思想意识与观念形态，等等。而任何民族文化对形的认识总是有相同或者相近的地方，更有差异的存在。差异往往是区别和评价“形”文化特质的重要的凭据。产品的语意传达不仅在于它能成为设计师情感的一种“自我表现”，更在于它能传达出整个民族的、地方的特色和时代精神。因此，与上述功能、示意、象征、关联和情感等语意的塑造方式不同，表征性语意的塑造更多的是对环境、历史、文化等的一种无意识的呈现。它反映的是设计中并没有被特意强调的科技、材料、工艺、时代、人文、地域特征。

有些产品或物品符号会超越不同的文化背景，具有各地人们相通的情感意义，使人们产生共同的情感体验。产品中特定的语意符号也会使我们的情感回到过去，某种材料的物品也会提醒我们以前的若干往事，成为我们自己的印象延伸；有些物品会因为勾起过去的记忆，使我们产生强烈的感情。同时有些产品试图通过特定的文化符号及特定组合，唤醒我们记忆中久远的地方文化和思想认同，这是由特定的语意设计达成的信仰、仪式、迷信、吉祥物、特征物等的符号互换，从而建立起地方文化的连续性。此外，产品中的某些特征符号又会与某些特定的社会现象、故事、责任或理想发生内在的关联，引发观者有关社会意义的深刻思考。

四、从注重产品的外延到注重产品内涵

（一）现代主义的经典教条——“少就是多”

产品的意义分为外延意义和内涵意义。显然，现代主义设计者将目光聚集在产品的外延意义上，首先是“形式追随功能”，即功能不变，形式亦不变，否定设计的多样性，最终发展为“少就是多”的经典教条。现代主义的设计师们对产品的物理功能属性顶礼膜拜，而对使用者的心理以及世界区域文化的多样性相关的内涵意义不闻不问，导致了产品语言的高度简化并成为纯粹表达功能的形式语汇。

现代主义设计师追求着科学、民主、实用、经济等崇高理想，“少就是多”本来就表达了：用最少的物质生产出最多的产品，而让广大的社会平民共同分享科技和工业进步所带来的新的生活方式和物质文明。

产品的使用者在享受产品的物理功能的同时，同样需要产品提供精神文化方面的非理性意义。诚然，使用者对“科学、民主、实用、经济”的崇高理想有过理解，以至于整个世界的游戏规则的制定也掌握在少数精英大师们手中。这必然造成人们精神体验上的匮乏。那么新的以关注人的精神体验和区域文化为目标的设计思潮必将拉开序幕。

（二）后现代思潮“少就是乏味”的回击

20世纪六十年代后，“二战”及战后物资匮乏的时代随着时间慢慢远去，物质生活水平的提高以及各地区区域意识的觉醒，文化以及价值观念越来越呈现出一种多元化的趋势。文化的多元化直接造成社会生活的多元化。各个阶层的人对市场的不同诉求打破了设计上现代主义一统天下的局面，“少就是多”的“黑匣子”自然不能满足如此众多的市场诉求，设计的多元化时代必将来临。

后现代主义对设计的影响首先体现在建筑界，而后迅速波及其他领域。1966年，美国建筑师文丘里出版了《建筑的复杂性与矛盾性》一书。这本书成了后现

代主义最早的宣言。文丘里的建筑理论是与现代主义“少就是多”的信条针锋相对的，提出了“少就是乏味”的口号，鼓吹一种杂乱的、复杂的、含混的、折中的、象征主义和历史主义的建筑。他认为，“现代建筑”是按少数人的爱好设计的，群众不了解，因此必须重视公众的通俗口味与喜爱。1977 年美国建筑评论家詹克斯出版了《后现代建筑的语言》一书，系统地分析了那些与现代主义理论相悖的建筑，明确地提出了后现代的概念，使先前各自为政的反现代主义运动有了统一的名称和确切的内涵，并为后现代主义奠定了理论基础。另一位后现代主义的发言人斯特恩把后现代主义的主要特征归结为三点，即文脉主义、引喻主义和装饰主义。他强调建筑的历史文化内涵、建筑与环境的关系和建筑的象征性，并把装饰作为建筑不可分割的部分。

装饰几乎是后现代设计的一个最为典型的特征，这是后现代主义反对现代主义和国际风格的最有力的武器，主张采用装饰手法来达到视觉上的丰富，提倡满足心理需求而不仅仅是单调的功能主义中心。后现代主义者对现代主义全然摒弃的古典主义异常关注。他们不搞纯粹的复古主义，而是将各种历史主义的动机和设计中的一些手法和细节作为一种隐喻的词汇，采用折中主义的处理手法，开创了装饰主义的新阶段。后现代主义的装饰风格体现了其对文化的极大的包容性，这里既包括传统文化，也包含现行的通俗文化：古代希腊、罗马、中世纪的歌德式艺术、文艺复兴、巴洛克、洛可可，以及 20 世纪的新艺术运动、装饰艺术运动、波普艺术、卡通艺术等任何一种艺术风格。运用的手法更是不拘一格：借用、变形、夸张、综合，甚至是戏谑或嘲讽。

后现代设计运动的兴起，丰富了设计的语言，带来了设计的新的形式和契机，为产品语意设计开辟了道路。

（三）产品语意设计诉求

我们知道产品符号的意义包含外延和内涵两部分。在日常用语之中，无论是对设计师还是对消费者来说，外延意义往往掩盖了内涵意义而出现在首要的位置。内涵意义容易被我们所忽略，显得无关紧要。比如，我们在设计时接到的指令往往是“设计一个水杯”，这样的描述外延意义是明确的，而内涵意义几乎不存在。又如，我们时常说“我买了一只手表”。显然，手表的外延也是明确的，但是关于它的内涵意义我们无从所知，似乎也并不关心。但这并不能表明内涵对于符号而言就真的无关紧要。恰恰相反，在市场日益分化，讲求个性化、差异性消费的时代，更需要我们去理解和发掘其潜在的价值。

产品语意设计就是要借用符号学理论赋予产品更多、更明确的内涵，以增添产品的附加值。比如，借用图像符号以增加产品的美学意义；以指示符号强化产品的自明性，指示相关操作；以象征符号增添产品的象征意义。同时，以叙事性的设计手法实现产品的“移情”，达到“抒情”的创造和写意的表达。

对于图像符号、指示符号、象征符号前面已有介绍，现在重点介绍一下叙事性设计。所谓“叙事性设计”，是指借用符号语言形成的造型“讲述故事”从新的角度揭示设计语言的表达特性，它是产品语意设计的主要诉求之一。

叙事性设计的目的在于通过产品语意叙述的恰当方式，如隐喻对相关的典故进行讲述，并建立一种沟通与交流，自然唤起受众内心的感受、记忆和联想，满足受众物质层面和精神层面的双重需求。

基于以上分析，我们可以认为产品语意设计的主要诉求包含两个方面，即主要由外延意义决定的功能语意和主要由内涵语意决定的情感语意的传达。产品语意设计要求通过产品形象直接传达产品潜在或缺席的外延意义和内涵意义，以辅助解决产品包含的某些因素。

①可以通过功能语意的传达召唤出产品自身无法直接向使用者传达的产品所固有的外延，即通过对产品的构造形态，特别是特征部分、操作部分、表示部分的设计，表达产品的物理性、生理性的功能价值。例如，如何操作等。

②通过情感语意的传达解释产品外延本身以外的东西，即产品在使用环境中显示出的心理性、社会性、文化性等象征价值。

五、内涵意义产生于符号叠加

（一）内涵意义由另一个符号产生

内涵性意义的范围极广，但是这是以外延性意义为前提的，这二者实际上也是联系在一起的。没有功能的产品便不能称其为产品，内涵性意义再如何也毫无意义。内涵性意义不能单独存在，它寄寓在形态的隐喻、暗喻、借喻之中，与形态融为一体，从而使形态成为内涵性意义的物化形态。这种意义只能在欣赏产品形态的时候借助感觉去领悟，使产品和消费者的内心情感达到一致和共鸣。

消费者通过产品形态中的象征性的符号要素及其组合产生一定的联想，从而领悟到这个产品“怎么样”。通过象征性的造型要素认知的内容往往是间接的、隐含的，具有较强的抽象成分。因此，要准确理解和体会这种象征符号所表达的意义，必须借助一定的抽象能力和想象能力。产品形式的象征符号的设计与认知和功能性指示符号相比，更复杂、更抽象、更困难。但象征符号所认知的内涵性内容和意义，较之从指示符号所认知的外延性意义，则更宽泛、更深刻。内涵性的设计目标经常是最难有效表现的。

为了清楚地表达外延意义和内涵意义同时并存于产品符号之中，这里我们借用符号学家罗兰·巴特的不同序列表意加以阐释，即符号的叠加或者是圈套来表达。

第一序列的含义是外延意义，它有一个由形式和意义组成的符号。内涵意义是第二序列的含义，它使用外延符号（能指和所指的整体，也就是形式和意义的整体）作为其能指（形式）的基础，并且与它的所指（内涵意义）相联系。

（二）内涵意义的来源

通过上面的分析，我们知道产品的内涵是由另一个符号的意义产生的，那么这个内涵意义又是如何来的，我们在设计产品时又从哪里找寻这一增添的内涵呢?

人类的任何认知活动都必须借助复杂的有关形式与意义对应关系的社会约定，这些约定就是产生内涵意义的主要源头，主要包含以下三个方面。

1. 来自共同的感觉和情绪

感受和情绪是消费者对产品造型基于形式美的认知结果，也就是对美丑、稳重、轻巧、柔和、自然、圆润、趣味、高雅、简洁、新奇、女性化、高科技感、活泼感等的直接的反应。对于自然物和人造物的想象和联想在这种认知的过程中起关键的作用，从而唤起人们对于产品爱憎的偏好。

这种情感性的认识一般带有纯粹审美的特征。这虽然与每个消费者的个性、感性及成长背景有关，但生活在同一时代背景之下的人们对于“杂乱或整齐”“简单与复杂”“柔软与坚硬”“肥胖与瘦弱”这些属于人群共同的视觉经验而产生的喜好或厌恶是人类情感直接反应的一部分。比如，现今社会生活和工作的节奏都很快，五光十色的广告制造的视觉垃圾也不断地冲击着人们的眼球，那么人们在审美上必定更加倾向于一种整齐、简洁、柔和的趣味。

产生这种情感反应的象征性造型符号具有异质同构的关系。例如，汽车、飞机、摩托车采用流线型的形式，都给人以强烈的速度感。在这里，流线型是象征性造型符号的表征物（即能指），速度感是被表征物（即所指）。虽然表征物与被表征物之间具有不同的性质，但由于其在结构形式上的某类相似之处，因而消费者从中感受到了相似的感觉。又如，美国的阿波罗号登月成功以后，由于宇航员身着的是银灰色的宇航服，一时间银灰色（能指）几乎成了高科技（所指）的代名词。

消费者的这种共同感觉和情绪也会随着社会文化的改变而改变。比如，苹果公司的 G3、G4、G5 电脑的形态、色彩和材料质感的改变，正是抓住了这样的一种趋势。又如，当通用汽车以彩色轿车取代了福特的黑色轿车，满街色彩缤纷的轿车疾驰的时候，想要拥有一辆黑色的轿车，是否更能体现这种变化的微妙之处。

此外，消费者在多次的产品语意认知活动中，可能会从某一类产品造型中持续地感受到相似的语意感觉，逐渐形成相对稳定的感性印象，并将其移植到其他产品当中。这也正是Apple公司的G3取得成功之后，一时之间相关产品都披上了彩色透明外衣的原因。

2. 来自对身份、地位、个性的一种标榜和张扬

对身份、地位、个性的一种标榜和张扬是一种自我认同感的认识结果，是消费者在与相关对象和环境的关系中产生的特定含义。同时，这也是一种受到社会影响与教育而形成的共同价值观，也可能是一种流行风尚、社会价值观和固定印象。

消费者对于这一内涵的需求常常带有功利性，其目的就是为了标榜与张扬，要告诉人们我是谁，我怎么样等意义。由于符号是一个事物代表和指称另一个事物，可以为人理解和解释，人们在社会实践中，当见到这些形式要素时，便会唤起对相应社会功利性内容的感知。

在市场竞争中，这种经由特定的风格体现出的内涵性语意，还体现了商品、经济等外围因素，在消费者心中自然形成了对某一品牌产品独具特色的固定印象（即产品中的品牌印象），如宝马（BMW）、国际商业机器公司（IBM）等。形成的原因是厂商企业长期而且持续地去经营与塑造，形成了固定的印象，能够标榜和张扬相应的价值观和生活方式而被消费者所接受。这对如今同质化的产品则较具现实意义。

3. 来自对历史文化、意识形态等的记忆

对于历史文化、意识形态等的记忆是通过对设计作品的体验达到对设计背后的自我阐释。通过产品的叙事性，观者往往结合自身的经验和背景，从中召唤出特定的情感、文化感受、社会意义、历史文化意义或者仪式、风俗等文化和意识形态相关的意义，表现出一种自然、历史、文化的记忆性的文脉。

有些产品或物品符号会超越不同的文化背景，具有各地人们相通的情感意义，使人们产生共同的情感体验。产品中特定的语意符号也会使我们的情感回到过去，回到记忆中的传统中去，使我们产生强烈的认同和情感。这是由特定的语意设计达成的信仰、仪式、神化、传说、吉祥物、图腾等的符号互换，从而建立起地方文化的连续性。此外，产品中的某些特征符号又会与某些特定的社会现象、故事、责任或理想发生内在的关联，引发观者有关社会意义的深刻思考。

总之，内涵意义三个方面的来源总是互相关联、互相影响的。在实际的设计中有时很难去割裂和区分，在这里只是为了帮助同学们认识才加以区别。同时，三个方面的来源也有一定的层次性，第一、第二两个来源是常见的，也是实际设计中常用的策略，第三点来源比较难于把握，需要大家好好地去揣摩和理解。

（三）内涵意义的丰富性繁荣了设计

通过上面的分析，我们对内涵意义的产生和来源有了一定的认识，相信大家

会觉得在理解上有一定的难度，但是也正是因为这一点成就了设计的多样性。因为改变内涵意义我们将得到不同的形式，也就得到不同的设计。

一个创新的设计本身必然包含着产品形式的改变，所以，内涵意义的产生也是必然的内涵意义，是将具有同样功能（外延意义）的产品区别开来的关键。在技术同质化的今天，内涵意义对于产品来说显得尤为重要，因此有意识地使产品具有独特且有价值的内涵就成为设计师需要考虑的问题。

六、产品内涵意义的表达方法

在语言中，要想用优美的词汇表达出深刻的意义就必须借助修辞。产品语言同样可以通过结合和修改已有的元素产生新的意义，这就是产品语意的表达方式——修辞。

修辞会告诉我们，形式简约与否不是意义是否丰富的关键，我国古代的词是严格限定形式的，且相当简约，然而却是如此魅力非凡，只是因为它们使用了丰富的修辞（主要是隐喻）。修辞绝不是累赘的装饰。产品不只是注重实用性的工具，产品亦可以表达意识形态的批判功能。

在这个时代能够崛起的产品设计师就是那些能够把创意和情感转化为产品的人，创意的价值显然不是因为外延意义，而是由内涵意义产生的。修辞则是产生丰富内涵意义的途径。一旦我们使用了一个修辞，我们发表的意见就变成了超出我们控制的更为广阔的联想系统中的一部分。

人类的梦境不只是黑与白、直线和方块。当代的设计话语不是千篇一律的外交辞令，也不是接触了情感能指，却努力去为自己树立贞节牌坊，期望每个人都理解自己的出轨是出于高尚的目的，而是一种散发内涵的巧言令色，一种说服的策略——它旁敲侧击，它顾左右而言他，它所指不明，然而它目标明确——它要俘获读者的芳心，它让读者心弦颤动，它注重与产品内部的默契配合，却不会做内部的配角。它时而端庄娴雅，时而青春烂漫，时而诙谐幽默，时而愤世嫉俗，它期望通过情感攻势让读者恋上产品，这是人情与人情之间的共振。这需要激情和丰富的联想，是设计活动的艰难所在。只有理性才最容易重复（重复的东西总是与一个原型或权威有关），不一样的声音来自情感和经验。我们艰辛地积累了知识，但它不是让我们用来复制的，不是用来压抑你情感的，而是要让它来进行更美的创意和幻想的。

由于修辞对于产品语意设计只是手段而不是目的，这里我们主要对当代产品中的修辞运用进行分析。一般认为主要的修辞方式可能会包含以下几种。为了概念的清晰，我们把三种修辞放置在一起并根据语言例子进行简单的描述。

（一）身边的隐喻表达

隐喻是在产品设计中运用最为普遍的一种修辞方式，它是使产品产生丰富的内涵意义的主要策略和方法。隐喻是用一种形象取代另一种形象而实质意义并不改变的修辞方法。

隐喻是无处不在的，隐喻本来就是人类的一种本能，是对生活丰富性的一种追求，通过下面的产品设计例子来详加说明。

现代主义亦不可能令自己生活在无隐喻的世界中。汉宁森的 PH 灯已经成为经典，其形式在现代主义作品中卓尔不群——很奇怪现代主义能够容忍如此明显的对于自然符号的隐喻，今天看来仍能令人有奇妙的联想，这不是功能能够比拟的意义，是另一种感染力。功能的意义必将随着时间而消退，直至成为垃圾，然而情感所指的意义是永恒的（只要人类还存在）。中国的诗词是不朽的（只要我们还能读得懂它），不是因为它们叙述了历史，而是因为它们充溢了情感。

（二）替换的换喻游戏

隐喻是建立在明显的非相关性之上（两者无实质性关系）的，而换喻则相反，它运用一个所指去指代另一个所指，两者在许多方面是直接相关或者紧密联系的。换喻建立在所指之间多样的指示联系之上，因此被产品语意学所广泛采用，用来表达产品隐含的功能性所指。

换喻是由邻近性关系产生的。雅各布森认为隐喻是建立在类似性基础上的替代，而换喻则以邻近性为基础。换喻可以被视作是建立在附属性（共同存在的事物）或者功能关系基础上的替换。许多换喻可以使抽象的指示物变得更加具体。

（三）张扬的反讽调侃

反讽是一种在产品设计中不常见的激进的修辞方式，其集中体现在设计师对现代主义设计“形式追随功能”的强烈不满，来表达对现代主义确定性意义的讽刺和挑战，并呼唤多样性的诠释体验。

和隐喻一样，反讽符号的“能指”看似意指了一个事物，但是我们却可以从另一个“能指"中意识到实际上它所指着另外一个截然不同，甚至相反的事物。所以，反讽实际上反映了设计者情感的对立面或是对于事实的对立态度。

在设计中，反讽往往体现一种幽默、戏剧性的体验。

七、文化符号的语意转换

（一）文化符号“形”与“意”的表达

文化创意产品在设计时，所追求的不仅仅是色彩材质的适当，整体造型的美观，更要追求辨识适当、意涵深远，有吸引力的语义层次和说故事层次。刘勰在

《文心雕龙·隐秀》中提到“情在词外曰隐，状溢目前曰秀”。“秀”是指产品中鲜明生动，可直接被人感知的部分，是对符号造型要素的操作；“隐”指文化符号所包含的特殊意义和情感内容，是符号意义的表达。所以就文化创意产品的设计来说，它是对地域文化符号生动形象与丰富意义的转化应用，丰富的意义需要生动的形象表达出来，符号造型本身没有固定的意义，是根据整个社会文化的系统而定的，是约定俗成的地域文化所赋予的。例如，在裕固族喝酥油茶这一日常生活方式中，人们习惯在喝茶的时候用一根筷子来搅拌碗中的酥油、炒面等食材。以这根筷子作为地域文化符号，“形”即传统筷子的外在形式，包括其外形表现、色彩、材质、肌理、图像等因素。而筷子作为符号，本身没有什么特定的意义，是因在裕固族这一地域环境中，而被赋予了其特殊的意义。作为喝酥油茶过程中必备的器具，筷子除了具有搅拌的功能意义外，同时我们发现将筷子架在喝完茶的空碗上时，还具有暗示主人不再续茶的象征意义。

在对于符号“形”与“意”的处理时，首先我们必须抓住地域文化中的本质，充分表达出地域性文创产品的可感知性，将能够体现产品生动形象的设计元素有步骤地融入产品的设计之中。其次，地域性文创产品的魅力在于内涵意义的含蓄表达，我们似乎很难找到直接具体的符号，但是恰当的具有情感倾向的符号群，在通过具有逻辑性的组合后，将能够准确地诠释出文化创意产品中的情与义。

月相碗完美模仿了月相变化的全过程，利用液体在碗中不同高度时呈现不同的形状，以此代表月相不同的阶段。倒入白色或黄色的传统米酒、黄酒最为合适，更能够形象地表达出月亮的形象，这是对月相这一符号造型的呈现，也是对符号表层意义的传达。而酒碗与月相变化的结合，不仅让人在饮酒的过程中体会到月亮阴晴圆缺的美丽变化，还传达了一种“明月几时有，把酒问青天”的情感语义。

（二）文化创意产品的造型方法

基于地域生活方式的文创产品，其多数借由符号展现文化的内涵与价值，如何在地域文化与产品之间获得适切的结合，则需要依靠合理的设计手法将文化符号转化于产品之中。比喻式设计是常被应用于造型的方法之一，通过类比表达两件事物之间的关系。

符号具有可象征产品性质的特性，文化创意产品的设计过程实际上就是将文化符号的“形”与“意”与产品在其主要的特征属性上找到相似的地方。以产品为主体，以符号为喻者来传达产品欲表现的意义，并通过语义转化为产品造型、色彩、材质等所需要的设计元素，进行创意的设计。

在“蒸蒸日上”天津狗不理餐具的设计中，以天津狗不理包子这一传统饮食习惯为文化符号，进行一套餐具的设计。发现产品（主体）与符号（喻体）间，具有隶属的主喻关系，借此直接传达出此为一套专为吃天津美食狗不理包子所设计的餐具。产品与符号之间关系明确，转化直接。而餐具整体造型皆以制作“狗不理”包子的面皮和蒸包子用的笼屉作为符号，体现出产品的地域文化含义。将与天津狗不理包子相关的符号作为设计元素，就像看到叉子就会想到餐厅一样，用户通过符号解读出其背后所象征的地域文化。

产品（主体）和符号（喻体）间除了具有直接的空间隶属关系外，发现其引用方式于文化创意产品的设计中还具有产生动作一致、功能相似的主喻关系。基于地域生活方式的文化创意产品是以对文化中间层面的表达为重点的，是对某一地域具体的行为活动的模拟，其表现在产品的功能和操作方式上。

“玩美文创”设计的一款抱枕主要以茶叶的传统包装形式作为符号，因为此抱枕以茶叶为填充物，主体（产品）与喻体（符号）都有包裹茶叶的含义，并且发生了“包”的动作，且功能相似，动作一致。产品名为“春茶”。因春天的茶叶为一年四季之精华，而在闽南语中，“春”字的发音又与“存或剩下”意思的发音相似，抱枕用剩下的茶梗作为填充物，使得茶包与抱枕又有功能意义上的转换。

对产品（主体）和符号（喻体）之间特征关系的分析，有助于对文化符号在产品设计转化的研究上。在进行文化符号的转化应用时我们要注意避免为了形式而形式，孤立的形态处理，单纯的形似必然不具备生动性，也不能打动人。

第三节　基于地域性文化的产品设计模式

当今消费者越来越注重对产品的情感需求，地域特点鲜明的文创产品日渐受到市场的青睐。无论是使用者还是设计者，他们在关心产品的功能性与实用性的同时，越来越注重人文的体验。将地域丰富的物质生活资源和精神文化资源与设计巧妙结合，才能使文化传承与产品创新得以实现。

一、基于地域性文化的产品设计标准

（一）体现产品的文化精神优势

近几年来，具有地域属性的文创产品的设计目的在于对文化的传承，除了通过产品的物化形态体现外，更多的是基于生活方式来使设计理念与地域文化中的人生哲理、价值观念、审美情趣等保持一致。因此，在设计文化创意产品时不应

局限于显性的外在风格，或是单纯地将文化符号图示化，而应该从生活生产等多方面去体会，使带有明显地域属性的文创产品的设计价值透过创意体现出产品的文化价值和使用价值。

（二）实现产品类型的多样化设计

由生活方式演化而来的文化元素形式多样。文化价值的准确认定，是为了拓展产品设计的多样化，深化产品设计的主题性。对地域生活方式的探究，使得产品造型的语义更加丰富，不仅传播了产品的文化价值，又满足了产品消费需求的多样性。构建基于地域生活方式的文创产品设计方法，以及对地域资源中所蕴含的元素特征在设计运用中的重新定位与分析，是为了明确具有地域属性的文化创意产品相较于同类型产品的差异性和市场需求，以实现这类产品的多样化设计。希望改变市场上文化创意产品同质化严重，缺乏特色的设计现象。

（三）创造更为健康的生活方式

对产品的界定是出于人们对于生活方式的一种追求与选择，而产品的设计，不是去规化人们的生活，而是去优化人们的生活。设计源于生活，服务于生活。基于生活方式，文化创意产品不仅仅停留在好看的层面，或是沦为商业模式的产物。重新构建文创产品的设计方法，从而使文创产品成为对人们生活方式的一种优化，以“为人类创造更为健康的生活方式”为目标进行设计。

（四）构建更为合理的设计方法

文化创意产品在设计时由于意欲过剩的创意展现，以及为了迎合当今的消费市场，导致出现了不合理的设计方法和不规范的设计行为，迫使设计者们不得不回归到生活这一最根本的立场上来，并重新衡量文化创意产品的设计标准，实现功能及情感上的体验，使产品为更健康的生活方式和更为合理的“物”的组织形式提供了高度的统一。在此基础上为文化创意产品基于地域生活方式的设计提供可行性的思考方向。

二、认识地域文化的形成

（一）地域环境的不同决定生活方式的不同

在前面对生活方式构建要素的分析中发现，生活方式的表现形式受生活条件的影响。这里的生活条件是自然和社会环境的共同组合。人们之所以要按某种方式生存，最初是为了对自然环境的适应和利用，才形成了只适合于某个地域的特定生活方式，并在长期的生活过程中自然而然地形成了与之相适应的精神文化，所以说不同的地域环境也就形成了不同的生活方式。人们用来满足自身需求，或是为了同样的目的而产生的生活、生产资料，并由此而形成的生活方式，都是由地理环境决定的，揭示了生活方式依赖地域环境的必然性。

对不同地域环境的认识，有利于对生活方式差异性的识别以及准确地提炼出地域生活方式中最具特色的地方。不同地域环境呈现出的生活方式的差异性，可以从自然和社会两个方面来说。

①从自然条件方面来看地域环境对生活方式的影响，地域环境所提供的各种自然资源在人们生活方式中的作用是不同的。不同地域的自然资源拥有不同的特点，导致不同地区人们衣、食、住、行方式的不同，从而形成具有地域特色的生活方式。就像南方人以吃米为主，而北方人则以面食为主，其原因就是南方温度高、雨水多，适宜种植水稻，而北方气候干燥寒冷，只能种植用来制作面粉的小麦，这正是地域环境因素对人们饮食这一生活方式的影响。

②从社会条件方面来看，地域环境对生活方式的影响主要表现在地域环境对生活方式在社会精神层面表现的产生、改变和传播扩展，是不同地域环境中人们社会意识、思维方式、心理特征的体现。福建西南山区旧时地势险峻、人烟稀少、盗匪四起，这就需要当地人在这样特殊的自然、人文环境下，聚集力量，共御外敌。更是形成了“聚族而居”这种根深蒂固的中原儒家传统思想观念。当地人依山就势，巧妙地利用了山间狭小的平地和当地坚固且防御性强的木材、石材等自然资源建造出了可以聚族而居的土楼。这是当地区少数民族的智慧和克服困难的勇气的体现，以及对传统道德观念的坚持。生活方式在社会精神层面的表现承载的是那个地域的“情与意”，是真正可以打动人的部分。

（二）地域文化的形成源自生活方式

文化的形塑来自人们生活的发展与转变，由于不同的地域环境延伸出不同形态的生活方式，文化的意涵也就变得多元化了。文化是由群体生活共同结合而成的，其形成的因素来自人们长年以来的生活习惯。地域文化应该是一种历史，记录着那个地方人们的生活方式、习俗，传承代表着他们的精神内涵。文化基本可以看作我们人类生活的样式，之所以得以传承，是因为其为人们有效的生活方式提供了有价值的一面，对隐藏于地域中的深层文化的认识来源于对生活的观察和体验。

1. 地方的生产方式与生产物

每个地域都会自然地发展出自己的独特面貌，在衣、食、住、行等方面，都各有特色。各地在产物与生活方式上的特色就成为该地域的标志，也是地域文化的精华之处。一般来说，成熟的文化都掌握了经历许多世代的生活方式，值得深度领会其价值，日本在这方面提供了很好的例子。在日本京都有一种与众不同的手工编织的传统工艺，利用金网坚固好用的材料特性，其编织的产品皆可修复再利用，在传统京都料理界扮演代代相传的重要烹调角色。

2. 现代人的意念

设计师黑川雅之说过，“现在”是被庞大的过去记忆所束缚着的。这过去的记忆，不仅来源于自己出生以来的记忆，而且包含着那存储在遗传物质中、从生物出现以来的记忆，而这些记忆决定着“现在”的自我价值观。现代社会在急剧进步中，当我们脱离了自己的成长环境，进入一个崭新的境遇时，人们精神生活中的记忆就变得尤为重要，以满足感情上的需求。这是现代社会乐于追忆，甚至主张用各种方法保存传统的原因，在记忆中的一切都成为有价值的文化。例如，日本江户时代随处可见的制糖手工艺，通过一代代人的口传身教流传至今。手工艺人手冢新理成立了糖工艺坊，承担起来这种工艺传承与创新的使命，将现代人的审美与传统工艺相结合，不仅能唤起人们的记忆，还使其具有生命力。

3. 生活中的品位

人们对于生活环境中一切事物的反应，都表达出精神上的好恶之情。这种好恶的感情是建立在感觉的判断上的，也就是所谓的审美情趣。可以在生活环境中生成对美感的反应，是一个人内在涵养的体现和对外在物质世界的反应能力。例如，一款名为“日常仪式（A Collection For Everyday Rituals）”的系列家居产品，抓住现代人对生活品位的注重，以及日常生活仪式感的需求。以对传统的尊重和创新材料的善用为设计理念，使每件产品通过淡雅的色调和精致的造型散发出温和的气质，并以此让人们在使用的过程中随时享受家庭生活的仪式感。例如，将家门钥匙放置在精心折叠过的花式布垫上，同时标志着由工作模式到家庭模式的转换，是一种日常生活仪式的体现。

现代的科学技术推动了社会的进步、生活方式的改变。我们所生活的这个社会是在未来的期待中存在的，而推向未来的动力就是文化的创意，创意的力量改变了我们的生活。

（三）地域文化的分层

具体来说，文化是经由人们的活动所创造出来的产物，是对人群居生活的区别与理解，通常可分为三个层次：

①人们所使用的器物与通过感官可以具体感知的形式，是最基本的物质文化，是文化外在层面的体现；

②人与人之间相处与沟通的互动制度、人的行为方式，是人类社会群体文化的体现，是文化中间层面的体现；

③象征着该地域人们精神文化的思想、意识，是文化内在层面的体现。

由文化的三个层面可知，属于人的“事物”是具有一定的文化向度的，所以对于文化创意产品的设计可置于文化的三个层面中。文化创意产品即是运用设计将其文化因素寻求新的现代面貌，并探求使用器物时的精神层面的满足，所以文化创意产品较一般产品不同之处在于其多了一项文化识别功能。

1. 外在层面

透过产品有形的、物质的层面对地域文化中表层意义的传达，是对地域生活生产中传统器物造型以及传统纹样、图案的沿用及转换，并直接表现于现代产品设计中，使用者对产品的地域色彩可直接感知。对地域文化中物质层面的表现是有必要的，关键在于合理的沿用与具有创意性的转化。例如，南京盐水鸭回形针文创产品的设计，以整只盐水鸭的形象为回形针的轮廓造型。除去多余复杂的部件，以“脖子”的部分作为“钩子”别在纸上，“鸭头”耷拉在另一边，尖尖的鸭屁股也突出来。因为鸭子写实的造型，几乎每个人看到时都会会心一笑，感觉整只鸭子就像刚从卤菜店拎出来的一样。对于南京人或是外地人所要表达的文化意义是一目了然的。

2. 中间层面

文化的中间层面是对当地的人群相处与沟通互动制度的诠释。在对这一地域文化层面的表达时，可以将已不适用于现代社会但有深刻文化涵意的传统事物，运用现代的设计手法做适当的转换并保留着其原始意义，且遵循当地人的传统行为模式，适用于大众。

在早点铺边吃包子边聊天是天津老百姓最传统的生活行为，而天津的狗不理包子也闻名远扬，成为天津典型的地域文化符号之一。例如，名为“蒸蒸日上”的餐具专为天津狗不理包子所设计。它将制作包子的手工技艺为设计点进行提炼，在餐具的使用过程中从视觉和操作行为上共同感受天津老百姓的日常生活。

3. 内在层面

文化的内在层面反映在产品的意识形态及无形的精神层面中。以文化的最深层面作为设计点，运用合理的设计手法将文化意象转化至产品，通过产品传达出文化故事及内涵，使用者透过产品获得对地域文化的联想性，并让使用者更加充分地了解到该地域的文化内容。例如，名为“飘（Piao）”纸椅来源于设计师对余杭纸伞的传统工艺的借鉴，在宣纸糊上天然胶水，再一层层糊在伞骨上。用宣纸做成椅子，糊纸由设计师和余杭糊伞师傅共同完成，宣纸的韧劲为椅子提供了良好的支撑力，而细腻柔软的质感使其具备了温暖的触摸感，将余杭纯粹、传统、诗意的意境表现得淋漓尽致。

三、从地域生活方式探讨文创产品的设计

（一）生活方式与产品设计的关系

如果说生活方式作为社会学的概念在不断地被丰富，而在设计的领域，将社会学的研究方法引用到设计开发中，则会帮助我们更好地发现、理解设计的主体，深入探究人们的行为与意识，从而创造出更适合人们生活方式的产品。

自古以来，社会的建构就与设计活动息息相关，并随着人们生活方式的演变而发展。在经历过以艺术和技术为中心的设计思想后，对产品的设计逐渐回归到“以人为中心”的设计，其主要来自对生活中各种元素的重新组合与制定。从本质上来说，设计是对生活方式的产品化以及改善。设计师对充满趣味性和发现性的生活进行感知，才能从实际的体验中发现生活的不足与需求，进而借由产品来解决。我们说设计一把椅子，不一定要四条腿，只要解决坐与休息的需求，让使用者在生理与心理上都能得到舒适的感觉。所以说这是对“坐”的形式进行了设计，更是体现了一种生活方式。

社会多元化发展致使人们对物的价值取向与需求发生了根本的变化。人们对生活方式提出了更深层次的追求与选择，要求有更多更新颖的、更富有美感的产品来充实生活。所以产品的设计不是去规化人们的生活，而是去优化人们的生活。由于每个人的文化背景、生活方式、个人喜好不一样，个性化、多样化的产品设计满足了人们在生活中精神层面的需求。怎样使一个产品从同质化的形象中脱颖而出，依靠的是设计师对来自生活中的设计元素的合理运用，而文化创意产品的出现正是以此为目的的一种设计。

社会的发展、科技的进步，逐渐引发人们从两方面对生活方式做出思考。一方面，人们开始希望回归自然，追求传统。就设计而言，设计者期望回归到生活这一最根本的立场上来；另一方面，人们开始寻求一种能与生态环境和谐相处的生活方式。所以，对于基于地域生活方式的文创产品的界定，是出于人们对健康的生活方式的追求与选择，是对人们生活的一种优化。重新衡量文化创意产品的设计标准，是为了使产品为更健康的生活方式和更为合理的“物”的组织形式提供了高度的统一。西班牙设计师阿瓦罗希望通过设计改变哥伦比亚因废弃的塑料瓶布满亚马孙河流域而造成的对当地环境严重污染的现状。思考如何用设计的方法将这些废弃的塑料瓶重新利用。阿瓦罗深入山区与原住民们进行交谈，了解当地民间手工艺，设计出了结合废弃塑料瓶与当地编织工艺所制作的灯具，不仅解决了当地环境污染的问题，更重要的是对传统手工艺的唤醒，以及帮助贫穷的原住民改善了他们的生活。

（二）基于地域生活方式上的文创产品设计

1. 不同的地域生活方式对产品设计的影响

《考工记》里说“天有时，地有气，材有美，工有巧，合此四者，然后可以为良”。器物的精粗美恶受天时、地气、材美和工巧四个因素影响。《考工记》里把那些表现出地域特点的现象都归结于地气，包括动植物的生长、手工业产品的质量差别及工业原料的好坏等诸多自然环境和人文环境中的因素。《考工记》里地域因素对工事的影响描述，体现了器物会显示出区域性的特征，那么文化区域里制造的器物都会带有可辨识的地域特征。人们在创造产品的过程中充分地考虑到其与人们生活之间的关系，使之更加适合当地的生活方式。这就是为什么我们能够从产品的设计中了解到当地人们的生活方式。

筷子是亚洲人最普遍使用的餐具，中国人、日本人、韩国人都会使用筷子吃饭夹菜，但是生活方式和文化上的差异使得筷子的造型、材质都有所不同。

我国的筷子又长又厚重，造型上也以圆形筷头、方形筷尾为主，体现出中国“天圆地方”的传统文化思想。由于中国“大家族”文化观念的深厚，吃饭时围坐在传统圆桌上的人众多，筷子设计得长一些以方便夹菜。材质上多是用轻木头制作的，也是因为中国饮食上重油的传统习惯，木头的材质相较于金属等材质更方便使用，夹菜时不至于因滑落而失去餐桌上的礼仪。

由于四面环海的地域环境特征，在日本吃海鲜便成为主要的饮食习惯，所以前端又细又尖的圆锥形筷子更适合日本人吃饭时使用。而传统的一人一桌的和食习惯，使筷子的长度设计得较短。

韩国的筷子较中国和日本长度适中，饮食以汤类和海鲜为主，由于被汤水沾湿的筷子在韩国人眼里被视为不卫生，故采用金属制的筷子，扁扁的造型既可以夹起豆子又可以在小碟子里面撕开泡菜，更适合韩国人传统的饮食习惯。

我国潮州地区的饮茶习俗是潮州饮食文化的重要组成部分。当地居民无论是在公众场合还是家中，均以茶会友。潮州人喜爱喝茶并不仅是为了解决口渴问题，更是为了在品茶的过程中联络感情、互通信息、闲聊消遣。所以这就需要一个慢慢泡茶与品茶的过程，在泡茶的方式上也极其讲究，操作起来需要花费一定的功夫，其便以“功夫茶”著称。这不仅是悠久的饮茶文化的体现，而且发展为一种独具风雅韵味的生活方式，所以用来冲茶品茶的器具也与一般茶具不同。例如，茶壶一般取用鼓形，取其端正浑厚的寓意，其注重“宜小不宜大，宜浅不宜深”的造型原则，因为大就不“功夫”了，而“浅”是为了使茶叶不易变涩能酿味，并且能保留茶香。

而我国北方相较于南方，品茶变成了喝茶，马路两旁、车船码头、半路凉亭，直至车间工地、田间劳作，主要为过往客人解渴小憩。而相较于南方人，拥有粗犷豪迈性情的北方人，不在意喝茶方式，虽然比较粗犷，但是颇有一种野性，若干只粗瓷大碗即可。

地域文化的体现需要契合人们的生活方式，而强调产品设计的本土化正是为了在世界的文化格局中突出本土文化价值的重要性，以及在全球文化背景下对地域独有文化的维护和保护，并借由对各种文化的了解，以自我所处的地域文化为主来对各种文化的优点进行吸收。

2. 从“生活方式”向“生活风格”的演变

“生活方式（lifestyle）”概念的生成，正是由“生活方式”向“生活风格”的转化。英国艺术心理学家、艺术学家冈布里奇认为“风格”是任何一种特殊的可以识别的方式，如果说“生活方式”是对具象的行为方式的反映，那么“生活风格”则是反射出抽象的行为方式。因此“风格”的形成是社会生活多样化之下的选择，是对与众不同的文化属性的概括，带有更多的物质的形式感。“生活风格”即是地域生活形态的反应，也是产品本身给人的整体意象的感受，借此达到文化的认同感。

我们对某一地域生活方式的认识可以从人们日常拥有的物品的风格中推断出来，同样也可以从生活方式了解某一地域的风格偏好。北欧的冬天又冷又长，所以北欧人更懂得在室内度过寒冷的冬季，懂得生活的美感，所以注重照明、家具以及食器这些必备居家产品的设计品质，形成了“简洁与时尚并存”“自然而有亲和力”“任谁都能轻易接近”的风格魅力。

“生活风格”实质上是文化多样性的体现，受不同地域及人们生活方式的影响，长久以来则会衍生出文化的差异性，体现出当地文化的特色与外来文化的区别性，并塑造了地域文化独特且不易被取代的文化象征。

日本人对于瓷器的设计独树一帜，他们会根据春夏秋冬的变化，使用不同风格的瓷器，盛放不同季节的食物。日本以“美食健壮人的体魄，美器健全人的心灵”为瓷器的设计理念，所以被用于“茶道”的茶具设计风格纯净、淡雅，充分体现了日本和风的特色。这也恰恰迎合了日本人对礼仪举止高度要求的生活方式，并准确地表达出日本茶道用于培养礼仪举止的原始意义。

（三）文创产品基于地域生活方式上设计的价值

地域性文创产品承载着传承地域文化，实现文化与经济价值的重任，同时又承载着用户对某一地域的情感寄托。对地域性文创产品的实用功能、情感互动、文化价值等方面的需求，使地域性文创产品以一个多义性的形式存在。

1. 实用性价值的体现

地域性文创产品与传统的旅游纪念品不同，注重的不仅是艺术的美感，传统文化和技艺性的传承，更融入对设计新思想、新技术的运用以及对地方特色的创新。文化创意产品拥有的市场流通性和对大众需求反馈的关注，使用户对产品的实用性价值提出了更高的要求。地域性文创产品的使用功能越来越被用户重视。人们渐渐发现，很多地域性文创产品拥有漂亮的外观却不能被实际使用，只能被放在橱柜中。为了改变这种现状，基于生活方式的文创产品将审美功能和使用功能结合，使其从“摆件”向真正可以使用的“日用品”转变，使人们在日常生活中时刻都可以感受到产品所带来的文化体验。

在各种各样的余杭“融”系列产品中，设计师深层次地挖掘纸伞的结构、材质、制作工艺以及文化内涵，进行延伸性设计，与现代日常生活用品及现代审美相融合，充分实现了产品的实用性功能。

2. 以打动人为目的

近几年，国内的文创市场上兴起了一阵“萌萌哒”的故宫皇帝同款之风，“卖萌”成为国内很多地域性文创产品首选的设计思路，这是设计向市场做出的一种妥协。虽然很有创意，但产品的设计并没有引起消费者与地域文化的共鸣。

文化创意产品所表达出来的功能性，是不以实现最基本的物理功能为目的的，正是“情感”这一重要因素左右着文化创意产品的价值与意义。唐代诗人司空图说过“不着一字，尽得风流”，正是指出了产品中审美意象所蕴含的思想感情不直接用具体的形式说出来。然而，如何做到“不着一字”，这就需要基于某一地域生活方式去设计开发。我们说对隐藏于地域中的深层文化的认识来源于对生活的观察和体验，设计师需要通过自身对地域文化的认知，把故事的能量灌输到产品当中，才能建立“文化”与“人”之间的“情感”。文化创意产品作为传递情感的桥梁，只有抓住“情”，实现用户与产品的共鸣，才能打动用户，受到用户的喜爱，从而实现对该地域文化的理解，最终认识和喜爱上这一地域。

日本在如今高度发达的信息化时代，仍然保留着邮寄明信片的习惯，各种节庆活动或是人生大事，都会以这种形式传递信息。所以在日本民居的门口都会挂上一个信箱。名为“Fumi”的系列信箱的设计，以熟悉的日式造型图案以及生活环境为外形元素，简单而有趣，不管是传统的日式房屋，还是现代建筑都能完美地融合。信箱的设计不仅仅是用于邮件的收寄，更是代表着人与人之间的一种质朴纯真的情感交流。

第七章　多元文化下产品设计的创意发展趋势

第一节　产品设计的创意

一、产品形态设计实例与分析

（一）以用户为中心在产品形态中的体现

以用户为中心的产品设计，是一种强调开发团队以用户需要、要求和愿望，以及其他主要相关利益为重点基础上的多专业的结合，是当今创造研发新产品的一种核心方式。而产品的形态作为传递产品信息的第一要素，自始至终承载了产品的全部内涵，是设计活动的最终成果。两者之间相互影响、相互体现。所以，强调对用户需要的深入研究而研发的新产品，能直接体现在其形态之中，而其形态又诠释了新产品的独特之处，反映了全新的设计思想。例如，一款可以将手机拓展为座机使用的固定电话。如今，手机已在很大程度上取代了座机，但是也带来了很多不便。首先，由于手机便于携带所以在接打电话时，远不如座机舒适。其次，在办公室等室内环境中，人的活动范围相对狭小，手机便失去了可以随意携带的意义。最后，手机与座机的分开必然导致其号码的不同，导致联系的不便捷。

根据上述三点的描述，即可打开一个新的市场缺口，固定电话作为一个全新的产品出现。当这种创造性的活动以最终的物质形式体现出来的时候，也创造了不同以往座机的全新形态，且带动了手机相关产业的发展。

（二）产品形态设计实例与分析

产品的形态要素可以分解为形状、色彩、质感以及界面四个要素来体现，四个要素均可体现在产品与人的交互之上。成功的产品一定建立在与人良好的交互之上。

图 7-1　洗手池设计

图 7-1 设施是一款洗手池的设计，它抛弃了平时以按压等方式放水的模式，恢复了最为原始的“泼水”的形式，很好地解决了使用者与产品的互动关系，现有的面盆花样繁多，其排水方式更是千变万化，而这种全新的设计采用了极为传统的方式，使用者无需去多次试用，这也是形状上的新形态设计的例子。

图 7-2　膨胀杯套

不同形态所传达的寓意不同，如图 7-2 所示的膨胀杯套根据空气热胀冷缩原理传达出杯中水的温度变化，同时膨胀的空气也将手与高温的杯体隔绝开来。在情感上以一种形态变化的寓意温馨地提示使用者，而其只是简单的物理原理，这凸显了形态变化在产品创新设计上的重要之处。

二、产品设计的创新实践

（一）家具使用方式创新实践

1. 光盘架与椅子

在日常工作生活中，存在很多传统产品，其功能有待进一步挖掘。如果将新技术、新材料，以某种新方式有效地应用于已有产品，一定能够开发出更优越的使用功能，对解放劳动力、改善人类生活方式等有着积极的推动作用。图 7–3 中的 CD 架和躺椅，都是日常生活中接触广泛、功能普通的生活用品，但经过设计师的巧妙构思，其在使用方式上便有了很大的创新，既拓展了功能，又提升了使用乐趣。

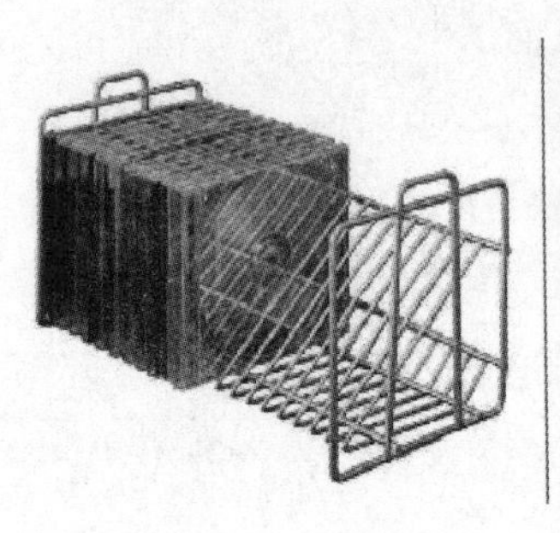

图 7–3　CD 架和躺椅

2. 多用途餐桌

从古到今，餐桌的主要功能为吃饭。现在设计师通过创新设计，使一个餐桌具备厨房的功能，不但可以做饭还可以进行加热或保温饭菜。图 7–4 中这张多用途餐桌采用电磁感应加热技术制成，我们可以在上面用餐，也可以在上面做饭。可以大幅度延长吃饭喝茶的时间，而不用担心饭菜变凉。这一创意采用模块化设计，使用者可以根据自己的需要，在餐桌框架上组合不同模块化的桌板。一块大桌板相当于若干块小桌板，通过桌板上镶嵌的液晶显示屏，可以控制加热时间以及加热温度。连接桌板之间的电源接口可以满足不同组合的要求。

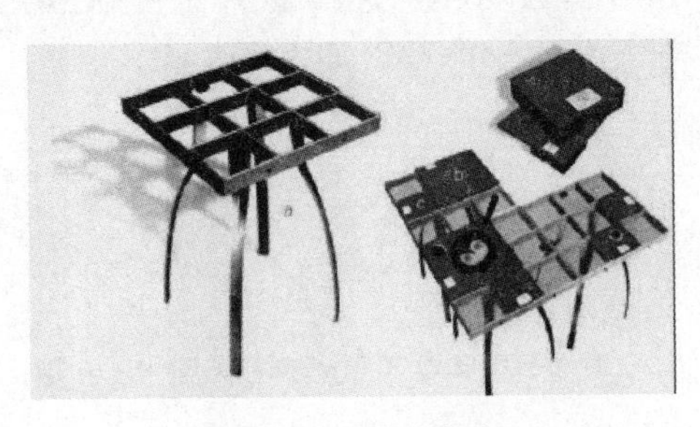

图 7–4　多用途餐桌

（二）手动器具方式创新实践

1. 创意构思

随着社会的进步，为满足人们购物的需求，就需要设计一种能采集记录与原有生活用品相关信息的产品。在设计产品前，首先要进行概念构思：当人们需要进行购物时，创意产品可把需要采购的产品信息收集到一个可以随身携带的电子产品中；在人们准备购物时，可将其与计算机连接，输入信息进行网络购买，或带到商场去按照上面的记录进行采购。有了这种概念，开始更多地考虑便携式电子工具的形状设计。设计期间，设计者研究了大量的造型形式，并分析了消费者使用扫描器的心理特征，以及应该如何与底座相连、占据多大空间、放置位置等最终可能影响设计的多个方面的问题。

2. 方案整理与完善

在形体设计过程中，通过反复创意与修整，形成了一种来自水磨鹅卵石的“小而光滑”的产品造型概念。整体造型上由曲线形成的精致细节加强了高科技产品的视觉效果。考虑到扫描对象多是生活用的食品等，可选用柔和色调搭配以适应厨房的环境。随着上述形态设计理念的精练与细化，形成了几种基本造型款式，并将其分类进行了使用人群测试，以进一步确定哪一种方案最具吸引力。

作为一件消费品，其价格必须尽量低，才能被消费者接受。因此，在选用功能组件上也应尽量降低成本，形成一个用发光二极管显示、两个控制键操控的产品界面，实现了性能与价格的良好搭配。发光二极管通过简易的显示方式，完成扫描器复杂的工作状态：绿色表示扫描成功，桔红色提示扫描被删除，红色表示电量不足。

通过市场人群测试，选定了造型方案，并对产品细节部分，如扫描头、持握把手等关键部位进行反复推敲，最终形成产品的造型。柔和中凹的持握界面舒适且贴合手形，并让初次使用者能立即判断出具体的操作方法，凹陷的扫描按钮为拇指提供了一个自然舒适的放置点。此外，在不破坏基本产品完整性的前提下，CS2000 扫描器还为特定公司和使用对象在色彩和界面图形上提供了一整套的用户形象设计，以满足用户的特殊需求。

在主体产品不断完善的设计过程中，考虑厨房中的放置要求，设计了三款挂墙插座方案。这种设计易于成型，而且考虑到了产品在空闲和使用两种状态都应起到美观装饰的作用。通过对这款未来购物产品设计过程的简要分析可以看出，设计过程中应集中关注使用者，无论是设计定位阶段，还是方案实施过程中，都应了解使用者的感受并征求其反馈意见，从而准确获得开发方向，设计出与市场消费需求及生活方式变迁相一致的产品。

第二节　产品设计中形态设计的多元化发展

一、基于造型与功能的产品形态设计

普列汉诺夫指出：“人最初是从功利观点来观察事物和现象的，只是后来才站在审美观点上看待它们。”管子说过：“仓廪实而知礼节，衣食足而知荣辱。”他们的基本观点都是主张先满足生活需求，然后才考虑审美感受。产品设计刚刚起源时，完全出于实用的功利目的。随着生产力的逐步发展，人们有意识地将实用和审美联系在一起。人面鱼纹盆是仰韶彩陶的代表之一，我们发现其已经有了人为的装饰效果，无论是宗教原因还是单纯的审美，总之随着生产力的提高，其摆脱了陶器诞生时期无装饰的特征。

一个优良的产品定会给人留下良好的印象，尤其是外观，其形象逼真、婀娜多姿、隐喻内涵的形式，除了功能的存在之外，很重要的是其独特优美的造型。从形式美的原则探讨产品形态设计多元化中偏重造型的设计方式。

（一）统一与变化

统一与变化是形式美的总法则，也是产品造型设计的基本规律之一。统一强调物质和形式中各种要素的一致性、条理性和规律性。统一是以产品整体结构为主体的，主要指产品外观形态格调在形态、色彩、风格等方面的一致性。统一也是产品形态设计的基础，它能使人产生单纯、整体、协调、有秩序的感受，所以一般来说，产品设计都要遵循这个法则。变化强调各种要素间的差异性，要求形式不断突破、发展，它是创新的要求。对于产品设计，变化主要指产品形、色、质的差异，即大小、方圆、方向以及排列组合的方式，色彩的差异，及色彩的冷暖、明暗，质地的差异等。这些差异的变化引起人们视觉和心理上的共鸣，打破单调、刻板、乏味的感觉。变化与统一强调了人类在生活中，既要求丰富性，又要求规整、连续、统一的基本心理需求。

图 7-5 所示是苹果公司在 1998 年推出的 iMac 电脑（一款苹果电脑），它完全颠覆了从 IBM 到玛金托什以来所有传统电脑的设计模式，异军突起，另立门户，开创了电脑设计的另一片天地。这款电脑在当时革命性地运用了 PC（聚碳酸酯）作为其外壳材料，这种半透明并且若隐若现的塑料材质将显示器内部的电子元件显示出来，让人们能够直观地看到其工作状态，如同一颗颗果冻一样色彩鲜艳夺目，给原本冰冷的机器增添不少人性关怀。

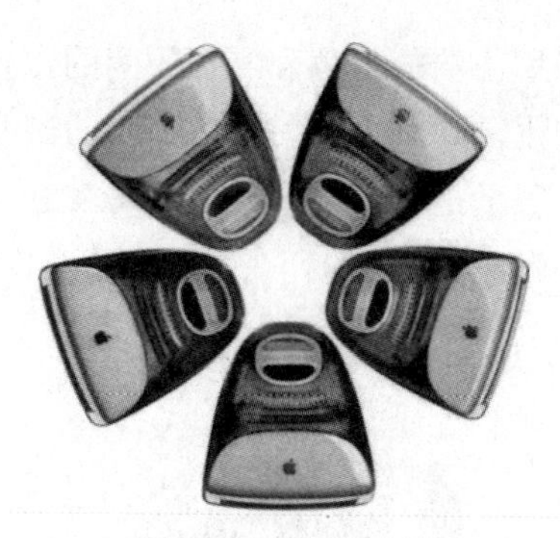

图 7-5　iMac 电脑

如图 7-6 所示，这是某设计师最新为伦敦制造商设计的厨房系列用具，这套厨房用品包括防滑碗、量杯和榨汁器，产品从大到小相互套牢，采用白色或五彩缤纷的塑料做材料，鲜艳的色彩或许是我们对此设计的第一印象，但紧接而来的，是一个套一个的组合形式。此设计将厨房中各种大小不同的用具依次叠在一起，这样满足了功能上的需求，即解决了厨房用品多而杂乱的状况，除这点之外，它在外观上也是令人耳目一新的，正是对于色彩与质感形式美的运用，才传达出了能够吸引人、反映人情感的信息，iMac 电脑和设计师的厨房系列用具合理地运用了这一原则，使得其产品备受消费者青睐。

图 7-6　厨房系列用具

（二）对比与均衡

对比与均衡也是产品形态设计中常用的美学法则。它是取得产品形式美的重要手段之一。在产品设计中，常常使用极大的对比来产生强烈的视觉冲击，使得形态活泼、生动、鲜明的对比强调差异，而均衡则协调差异。在产品形态设计中，正确地处理对比与均衡的关系，使其明确地突出各自的特点，可以取得良好的艺术效果。

扇形钟表的设计，采用简洁的白色和红色相间的方式，以对比的手法来展示时间刻度，随着时间的变化，其对比与均衡在不同的刻度也有着不同的效果，但是又不乏协调性。图 7–7 所示是茶杯设计，底部的突变与把手底部的呼应以及独特的使用方式，在对比中又见到均衡的存在，抵消了底部较轻的感受。

图 7–7　茶杯设计

（三）节奏与韵律

节奏是一种动态形式美的表现，它是一个有秩序的进程，是一种有规律、连续的变化和运动，节奏越强越具有条理美、秩序美。在产品形态设计中，运用节奏的手法能给人以强烈的感染力，人们能通过优美的节奏感到和谐美，没有节奏就没有美感。运用形态、色彩、激励等造型元素，创造出既连续又有规律、有秩序的变化，使人产生一定的情感活动。

韵律指在节奏的基础之上，更深层次的抑扬节奏的有规律的变化统一。通常用韵律来表达动态感觉。统一要素的反复出现，形成运动的感觉，使得画面充满生机，使原本凌乱的东西产生秩序感。

图 7–8 所示的衣架设计以简约的造型为主，顶部有节奏的小突起满足了功能的需求。

图 7–8　衣架设计

图 7–9　音响设计

图 7–9 所示的音响设计更是将音波的韵律直接体现在设计之上，充满韵律与节奏感。

二、基于用户的产品形态设计

随着物质资料的极大丰富，生活节奏的日益加快，人们对精神的需求也越来越紧迫。而纵观产品设计的历程，各个时期的优秀作品无非是在满足其大环境背景下的以人为本的设计。在产品设计中强调突破性来研发新的产品，也有助于在如今的社会、经济以及技术三者互相制约、互相提升的循环中，找到突破口。这种方式将赋予随之而来的产品全新的形态。

基于用户的产品形态设计即以用户为中心而展开，所以外观、材质、色彩、纹理以及比例等，都是从人的使用便捷和对环境保护的角度出发。OXO GoodGrips 削皮器就是一个很好的例子。

OXO GoodGrips 系列产品满足了人在情感需求中的诸多因素，如独立性、信心乃至安全性，它本来是一款针对老年人和关节炎患者的设计，最终取得了比预期还好的市场效果，无疑是一款极其成功的产品。这都归功于它的手柄设计，可以让使用者在抓握的时候有很强的安全感，也归功于其精良的视觉和触觉美学效果。这款削皮器采用由橡胶制作的手柄，满足了功能和形式的双重需求，轻便、简洁并利于抓握，很好地将技术的最优和造型的最美结合在一起，也有利于系列化可拓展性等的展开，有着较高的价值机会。

三、强调情感因素的产品形态设计

情感在艺术与设计领域是极大的创意资源，产品形态是附带着功能的设计，此功能包含了基本的实用功能和情感功能。实用功能往往在使用过程中得以体现，不易被直接察觉。有时候，我们看到一款新产品，宣传资料中描述其使用效果很好，但真正好用的设计只能体现在用户使用的体验中。情感因素强化的形态设计，是较为直观和视觉化的艺术设计手法。强调情感因素的设计总试图给人以有趣、幽默、讽刺、自嘲、乐观、兴奋、雅致等某种情感的寄托。其产品形态设计往往会在形、色、质、结构和机构中体现。

（一）形

形是指外形和外型，将某种大家熟悉的或有趣的抽象造型运用在产品形态上，通过造型给人一种新的视觉感受和心理冲击。如图 7-10 所示为一款注射器的针筒盖造型设计，通过针筒盖有趣的造型试图给被注射的人带来微笑、诙谐或其他感觉而忘记注射产生的痛觉，可以说情感因素在这个产品形态设计中形成了视觉的重点。图 7-11 所示为一款座椅形态，该形态属于一种抽象的造型，虽然我们无法判断出其像我们熟悉的哪些已知事物，但没有妨碍我们觉得它是有趣的。这款座椅的形态采用了扭动的曲线和温润的形体，营造了有趣的形象。

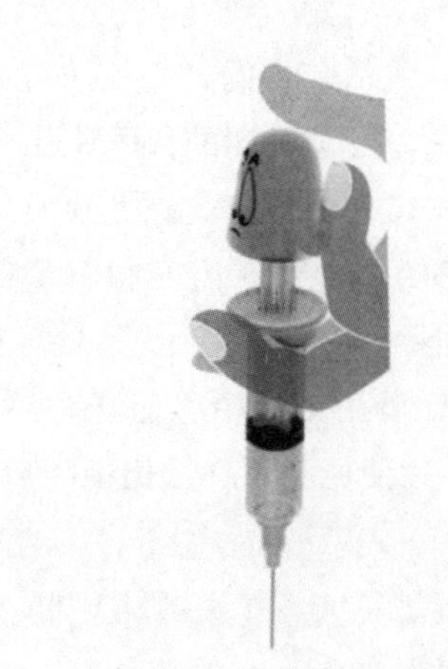

图 7-10　注射器设计

图 7-11　座椅设计

（二）色

色是设计最直观的艺术表达途径，色彩是具有个性的、有情感的、有想象空间的。产品形态外观利用适当的色彩搭配，可向人们展示特定的情感形象。

（三）质

质则是材质的艺术效果设计，利用材料的表面质感（如光洁、磨砂、抛光、拉丝等）和内部质感（透明、半透明、实色等）进行产品的情感因素设计。

（四）结构和机构

要突出材料质感的情感化产品设计，设计师就要从材质的透明感突出产品的视觉艺术效果。

结构和机构是产品的基本功能要素，虽然属于实用范畴，但从设计角度看，“呆板”的机械化结构也能发挥出巧妙的艺术效果。比如，常见的转动、滑动、折叠、伸缩、弹性等结构机构与方式，均可通过某种有趣的形式对某个事物进行结合与借用。图 7-12 所示为一款眼镜架的结构与机构设计，利用弹性的材料对镜架进行组装和拆卸，结合模块化的零件实现对产品 DIY 的乐趣，该设计获得了东京国际眼镜设计大赛的金奖。

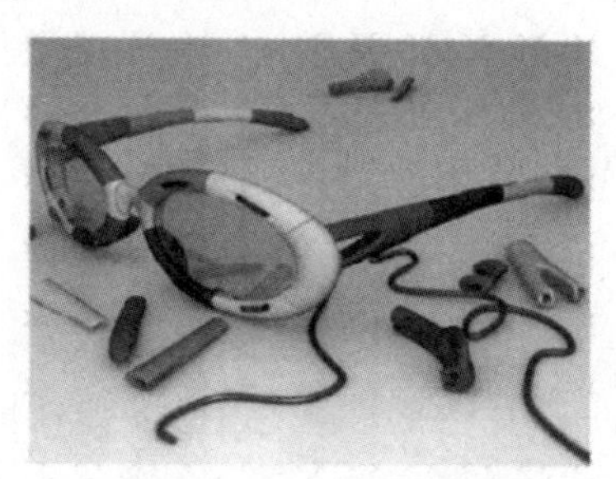

图 7-12 眼镜架的结构与机构设计

以上几个方面的因素属于情感因素的组成，但在实际设计过程中一般会统一考虑。设计师在确定设计的目标后利用各个因素相互配合，达到整体设计的感官效果。

四、基于文化价值表现的产品形态设计

设计文化是人文精神的核心体系，产品作为文化外化的主要表征因素之一，体现出文化特有的内涵。文化是需要时间积累的，如传统文化、地域文化，新生的如流行文化、个性文化等。形态设计是文化表达的直接方式。但文化在产品形态设计中的表达具有一定的难度，一方面需要顾及产品的功能，另一方面需要顾及产品对文化的表达效果。如果将某种文化强加在一种产品上，难免会出现造作的设计效果。因此，设计前期，需要分析产品与植入的文化之间的关联，找到恰

当的方式与符号的表达，如推崇设计精神的亚洲文化、注重视觉感官的美洲文化和强调自然纯朴的斯堪的纳维亚文化等。斯堪的纳维亚风格与艺术装饰风格、流线型风格等追求时髦和商业价值的形式主义不同，它不是一种流行的时尚，而是以特定文化背景为基础的设计态度的一贯体现。它体现了形式和装饰的克制，对传统的尊重，在形式与功能上的一致和对自然材料的欣赏等。斯堪的纳维亚风格是一种现代风格，它将现代主义设计思想与传统的设计文化相结合，既注意产品的实用功能，又强调设计中的人文因素，避免过于刻板和严酷的几何形式，产生了一种富有“人情味”的现代美学，因而受到人们的普遍欢迎，如图 7-13 所示的家具与玻璃饰品。

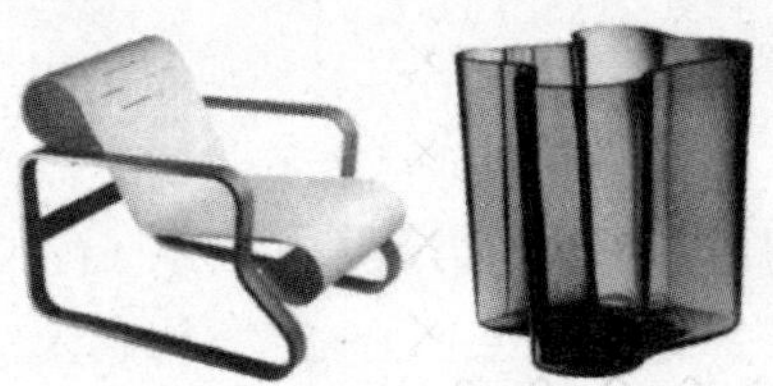

图 7-13　家具与玻璃饰品

第三节　多元化的产品设计趋势发展

纵观产品形态设计的发展历史，起决定作用的因素一定是人的需求的变化和技术的发展。所以，以用户为中心的设计方式以及能大批量生产的流程，是未来产品形态设计的主要流行趋势之一。符合大批量定制生产的产品形态设计，是将满足人类心理情感需求和现代工业大批量生产结合的有效方式。

设计大师马克 · 第亚尼（Macro Diana）曾经说过，经过工业时代的积累，设计将越来越追求一种无目的性、不可预料和无法准确测定的抒情价值，这种“抒情价值”的产生基础是设计师对产品用户的深入分析，对消费者体验需求的准确定位，对产品设计语言的熟练把握和创造性应用，并且要结合复杂灵活的当代商业模式；在营销和服务的环节做出相应的体验创新。同时，对于订制个性化的用户需求，设计师们只有更加精准地对市场做出细致的分析和敏感到位的把握，才能在服务经济之始和体验设计之初，更好地应对业界的挑战和机遇。产品开发的趋势必须向“以消费者为中心”的方向发展，所设计制造的产品能否充分反映消费者的需求已经成为产品成败的关键。故而在产品设计的整个流程中，从发现市场空缺的立项，到后期的销售使用以及回收，都要以用户为中心展开。

随着设计的大众化、普及化，基本功能的需求得以满足，设计需要不断地探索创新、增强新鲜感，形态的设计也随之产生变化。未来的形态设计将糅合艺术、设计、视觉、感观、功能、人文、自然等多种元素。但凡设计师能在某个领域某个点上取得成绩与探索都可使其作品成为人们喜欢的设计。从形态上而言，形态设计趋势主要呈现出以下几个发展方向。

一、未来感的塑造

有未来感的形态，是设计对产品基本功能理解的一种深度解读，融合了设计师自身的艺术修养、创意、灵感以及文化的因素。这种设计趋势变化是无穷的，即使一根单纯的曲线经过设计师的演绎，都可能产生很多变化的细节，一个曲面面型中间可以产生无数的起伏变化细节，甚至从一个曲面简化成多个平面的拼接，这完全取决于设计师对功能与目的的理解。图 7-14 所示是一款自行车车架的形态设计，该车架形态完全突破了单纯的圆管构造，演变出丰富的多个曲面交接的造型，呈现出似乎因于功能的一种造型，这正是未来感的设计特点。图 7-15 所示是一名设计师设计的声学互动雕塑，其个体形态由多个三角形和梯形面等可知的元素拼接而成，而整体呈现出一个抽象的形态，结合光洁的质感及折叠的机构使该雕塑产品呈现出一种神秘的未来感。

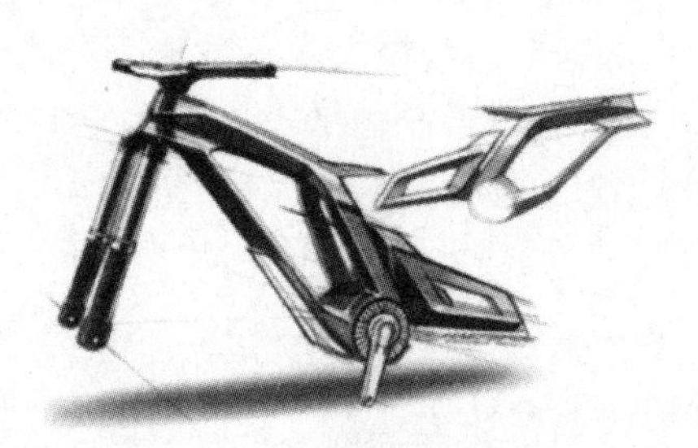

图 7-14　自行车车架形态设计

图 7-15　设计师设计的声学互动雕塑

未来感的塑造呈现出以下几种趋势。

（一）形态的解构与有限化

形态的解构与有限化是指将某个趋势的曲面或曲线进行打散与重构，通过有限的简化元素进行表达，如一个圆弧可简化为若干个连续直线的表达方式。

（二）抽象化

抽象化是指对某个具体形态、形象进行最大限度的抽象化表达，如一个动物的形态，通过抽象的线条、曲面、形体进行表达，仅保留形态的“神态”而丰富其“形式”的表达。

（三）空间化

空间化是指通过极具空间三维感的曲面、曲线变化形态，表达立体形态的设计。

二、情感化的诉求

未来的产品设计将更加注重情感化的需求。产品的不断丰富促进了人们对产品物质的需求逐渐转换或提升为对情感的需求。任何一款新的产品形态设计，都需要从情感上打动消费者与用户。这对设计师的要求更高，需要设计师更深入地挖掘产品功能、产品状态、产品语意、产品交互设计等多个领域的情感因素与表达方式。

情感化诉求驱动的形态设计方法包括以下几种。

（一）情感特征的明喻

明喻通过形、色、质、结构和机构等方式对形态的性格特征加以强调和描述，突出形态的情感性质，如活泼的、欢快的、悠闲的、强烈的、素雅的等情感特征的表达。

（二）情感特征的隐喻

通过具有隐喻象征的元素对产品形态的设计目标进行表现，突出对产品的内在情感特征的表达。

（三）情感特征的联想

产品形态不直接表现出既定目标的情感特征，但可以激发用户对该情感特征的联想，加深用户对设计的印象。

三、个性化的追随

个性化是未来设计发展的一个趋势。设计的市场面临着细分的局面。产品的受众从群体性转变为个体性，从家具定制到室内设计的个性化装修，生产方式的转变与成本的可控性造就了产品设计也将面临这种转变。设计师可以自由地发挥，追随更多个性化的设计方向。

个性化的形态设计趋势主要通过以下两种方式呈现。

（一）形态的直接示意

个性化的产品形态设计可以通过外观造型给消费者或用户呈现出来，直接地表达出设计的目的。此方式如果能给予对象好的第一印象，此个性的设计就可获得认可，但也存在风险，不受用户喜欢的个性设计，则容易产生逆反的印象。

（二）产品使用过程的示意

个性化的产品形态设计可以将个性隐藏在产品的使用过程中，外观上并不明显，个性的特点体现在产品的使用方式和使用过程中，如用户感受到个性特征，获得强烈的使用体验。这需要设计师深入地分析思考产品形态与使用交互的内在联系，巧妙地利用某种机构或结构方式对产品个性进行表现。

四、产品人性化设计

（一）人性化设计概念

人性是人的自然性和社会性的统一。在设计文化的范畴中，人性化设计即是以提升人的价值，尊重人的自然需要和社会需要，满足人们日益增长的物质和文化的需要为主旨的一种设计观。设计师必须牢固树立“为人民服务”的信念。

（二）人性化设计的要点

①产品的设计必须为人类社会的文明、进步做出贡献。

②以整体利益为重，克服片面性，为全人类服务，为社会谋利益。

③设计师应是人类的公仆，要有服务于人类、献身于事业的精神，要认识到设计是提升人的生活的手段。

④要使设计充分发挥协调个人与社会、物质与精神、科学与美学、技术与艺术等方面关系的作用。

人性化的设计观念是一种动态设计哲学，并不是固定不变的。设计的人性化在新的技术时代也必将得到发展，被赋予新的意义。如果说，运用美学和人机工程学是工业时代人性化的设计，人文精神的体现则是数字时代产品人性化设计追求的新高度。数字科技的发展，在展示人类伟大征服力和无与伦比的聪明才智的同时，也带给人感情的孤独、疏远和失衡。因此，追求一种科技与情感的平衡成为必然。约翰·奎斯·比特认为，我们必须学会的技术的特质奇迹和人性的精神需要平衡起来，实现从强迫性技术向高技术和高情感相平衡转变，反映了“为人而设计”的设计本质。产品作为人生活的一部分，绝不是机械时代扮演的无情、冰冷的物理功能角色，它将针对人更本质的属性，演绎人性化设计。

在数字时代，产品人性化具有以下的新趋势：多功能集成化拥有更多的功能，自然会带给人们惊喜和方便。多功能产品或工具历来就受到人们的青睐，从集成电路到微处理器，数字产品的功能元件被压缩到越来越小的芯片上，使产品的身材更加微薄短小，却拥有更多的功能。人性化体积的微型化使产品更便于携带，这一趋势逐渐将产品演化为人们不可离身的“电子器官”。除了医学上用于补偿人体器官缺陷的电子器械，电子产品的人性化更多地将体现在扩展人体功能方面。比如，最常见的手机功能越来越强大，体积却越来越小，随身携带非常方便，它的通话功能、文本功能、影像功能、音响功能等，成为人的语言、听觉、视觉、记忆、思维等能力的补充和延展。非物质化数字时代信息传播方式、速度的改变，使信息的价值得到了新的定位。以信息为载体的产品，物质形式更加淡化，但系统、程序、界面、交互活动、信息娱乐、情感氛围等非物质成分却越来越受到人们的重视。其物质成分几乎变得不可见，人们看到的多是产品的绩效。

拥有和人一样聪明的机器，一直是人类的梦想，众多科幻小说和电影中聪明灵巧、善解人意的机器人正是这种梦想的寄托。如今越来越多的产品运用交互软件、触摸屏、语音识别系统、高敏传感器等技术实现与人的交流，更准确地把握用户意图，从而为之服务，使产品人性化达到一个新的高度。通常，人与产品之间只存在操作正确与否、功能实现与否的关系，一般是冷漠的工具对人的从属。而今，人们在日常生活中太多地依赖工具，若能一改单纯的逻辑对错关系，在产品中增添情绪交流，则会让生活充满更多惊喜和欢乐。信息的准确交流，让用户的使用过程更方便、更灵活，能与人进行情感交流的产品则是对人在精神方面的关怀，是人与产品完美和谐的更好体现。

社会性是人最本质的属性，体现在人与人之间的关系中。随着数字技术的发展，不仅人们的心理状态、时间观念、价值取向在悄然改变，人与人之间的关系也发生了变化。数字化带给人们一种新的生存方式，最先改变的就是人际关系。网络使相隔千里的人互通友谊，而对身在咫尺的人却无暇顾及；过去，早上最先向亲人问好，而今一睁眼最关心的是虚拟世界里的友情角色。数字时代的产品人性化随着人际关系的改变而发展，一方面，产品与用户形成一种“人际关系”，如倾诉对象、监督者、教练、保健医生等，模拟了人的身份；另一方面，产品能鲜明地表现主人的性格，成为主人人际关系的延伸，如能反映家庭成员身份的个人卫生用品等。由此可见，数字产品的人性化更强调产品与人的融合，在生理、心理、社会属性等方面都得到了体现，满足了人类阶梯化上升的需求。设计的平台化，人性化设计是现代设计中人们追求的最高目标，产品的平台化设计可以说是新技术时代下，实现这一目标的新思路和新方法。将人性化看作一种需求，平台化也许正是数字时代实现这种需求的方法和手段之一。人的需求没有终极目标，这正是人性本质的体现。“设计是人需求的物化过程”，如果人的需求没有终极目标，为什么产品必须有一个终极的功能或形式呢?

微电子技术和宽带网络的发展把我们的生活环境数字化，数字化生存不再局限于物理形式的存在，而是越来越强调非物质的存在。所谓平台，即是为完成某项任务、提供某种功能而搭建的基础，可以是物质上的基础，也可以是系统结构、信息基础。设计的平台化改变了过去以特定方式实现特定功能的设计思路，用更开阔、更灵活的形式选择设计。产品也不再是被动地实现需求，而是主动引导需求，并以人们更乐于接受的方式实现。在产品平台化的设计中，关键是将产品视为不同的平台。

1. 设计平台

工具的设计、制造与使用过程的分离，曾经是人类生产力进步的标志，所以通常在产品被购买之前就完成了设计工作，具备了完整的功能与形式。但这种设计与使用分离的生产关系，仅适用于以物质形式作为主体的机械产品，因为对于个体使用者而言，设计、制造工具所消耗的成本远远大于使用它所创造的收益。而数字时代的许多产品，其价值的主要载体为信息、组织结构、程序、系统等非物质存在，用户根据自己的愿望对它们进行重新组织和设计将创造出全新的价值。产品作为设计平台，为用户提供物质和技术基础，具体的功能由用户根据需求进行设计。当然，设计可以由用户独自完成，也可以借助网络、多媒体等技术与设计师共同完成。而且设计过程还能在使用中调整、完善，并且能为新的需求进行多次设计。电脑依然是目前最强大的设计平台，用户可以根据不同用途、个性、喜好配置硬件，并在操作系统平台上随心所欲地搭建自己的工作、娱乐、学习环境。

2. 服务平台

作为服务平台的产品并不直接向用户提供服务，而是为经济团体提供服务创造物质条件，用户也可以通过平台对服务内容、质量、方式，甚至提供商进行选择。目前，最常见的通信服务平台——手机，正是通过可移动的通信设备和统一的通信协议，为通信公司和用户构建了可选择、可扩展、可交流的服务平台。如今的通信公司向用户提供的不只是通话功能，已扩展到交友、新闻、娱乐、网络游戏、全球定位以及商务服务等。随着高速网络、虚拟现实以及智能材料等技术的飞速发展，产品服务平台的作用已扩展到许多领域，如能源供应、家庭事务管理、教育、娱乐、医疗保健，等等。

3. 信息平台

互联网改变了信息传递方式、速度，也影响了人们对信息的需求和运用。拥有更便捷、准确的信息沟通和更丰富的信息选择，是当今价值创造的首要条件，自然也成为用户对产品的要求。产品作为信息平台，为用户与产品功能程序之间、用户与信息提供者之间构建一个信息交流的物质平台。微软公司的数字手表就大胆地扮演了一次手腕上的信息平台。它不仅保留了传统的时间信息功能，还能够接收定制的新闻、体育比赛得分、餐馆信息、股票行情、日程表等大量的信息。设计的信息平台理念，必将因为信息交流的准确、灵活、及时而更完美地实现产品的人性化。

4. 生命平台

对花草、动物的宠爱，最能带给人新奇感、安全感、游戏感等方面的享受，因为生命会对人类的关注、照顾做出回应。它们的生命特征，如外型、性格、健康状况、智力水平等，会因为环境和人态度的变化而展现不同的生命历程。从简单的虚拟电子宠物到索尼公司出产的具有较完整生命特征的机器狗宠物，不难看出人类素来对有生命产品的追求。产品的生命平台化借用了有生命物质的特征，将产品视为能够伴随人的使用而成长的生命，强调使用过程中产品的生命特征的变化。这种在使用过程中潜移默化建立的情感交流和产品生命特征发展的不确定性带来的乐趣，以更有机、更自然的方式满足了人们对产品人性化的需求。

设计的平台化势必改变产品存在的形式和意义，平台化设计思想突破了形式跟随功能的主从关系，用一种更实际、更开阔、更灵活的方式来对待设计对象，在对数字产品的平台化设计中，产品的功能已经超越了传统意义上的概念，具有选择性、不确定性、非实用性等新特征，产品已不再被归于某一种单一的种类。并且数字产品功能实现的载体集成性高，物质成分逐渐变得不可见，人们基本上只能看到果而看不到因，更多关注到的是产品的绩效。

因此，产品的形式与功能依然保持主从关系已不太现实。产品的平台化将形式带向两个不同的方向。一方面形式越来越弱化，几乎到了不可见的程度，或者产品本身没有独立的形式“寄生”于其他产品上。比如，检测牙病的仪器集成到牙刷上，在外表上并不能识别它与普通牙刷的区别。另一方面，形式的作用被强化，作为平台的产品自身没有确定的定义，如信息平台能够进行信息的交流，这样的定义太宽泛、太模糊，而被赋予了特定形式的信息平台定义就明确了。比如，能够充当信息平台的产品——手机、能够通信和定制信息的游戏机、手表、别在胸前的通信徽章、挂在脖子上可以通信的项链等，它们作为信息传输的核心功能是一样的，由于形式不同，才被定义成不同的产品，满足人们特定的需求。

设计人性化是人类追求理想化、艺术化生活的目标。从平台化的角度审视设计的人性化是对数字产品设计的思路的整合，有利于我们突破固有观念的束缚，避免把人性化拘泥于人机工学和美学层面，更开阔、更灵活、更有条理、更系统地对待设计。

（三）人性化设计的因素

人性化设计的因素包括动机因素、人机工程学因素、美学因素、环境因素、文化因素。

图 7–16 所示的这个产品就是围绕这些因素设计的人性化的小产品。“日华光导挖耳勺”，顾名思义，光导挖耳勺就是会发光的挖耳勺。该产品总体感觉就是很轻巧、很漂亮、很可爱、它握手的部位是红色的，上面有个卡通小人儿，很有趣，深得儿童喜欢，而且这个部位比较大，比较扁平，跟市面上所销售的一般挖耳勺都不太一样，非常适合抓握。它有个开关按钮，轻轻一推，耳勺的头部就会发出银色的光，就跟家里的日光灯一样。光聚焦到一个点上，在帮宝宝掏耳朵时，光刚好照在宝宝的耳内，耳内的一切都可以看得清清楚楚，而用完之后，再将开关按钮轻轻一推复位，光即刻消失，就跟开灯、关灯那么方便。当电池用完后，还可以换电地，就是常见的 CR2032 电池。它的头部，也就是将会伸入耳部的部分，很平滑，没有一丝粗糙，不会对宝宝娇嫩的耳部造成伤害。

图 7–16　日华光导挖耳勺

（四）未来产品人性化设计的几个方向

20 世纪八九十年代是设计上的多元化时期，在设计风格的探索上可说是群雄并起、精彩纷呈。而其中设计的“人性化”成为顿引人注目的亮点，并逐渐形成一种不可逆转的潮流。下面介绍未来产品人性化设计的几个方向。

1. 产品趣味性和娱乐性的人性化设计

现代产品设计不仅要满足人们的基本需要，而且要满足现代人追求轻松、幽默、愉悦的心理需求，当然所产生的经济效益也是可想而知的。英国一家设计咨询公司设计出一种电扇，和人们的想象完全不同，因为它的扇片是由布做成的，设计灵感来自帆和风筝。和以往的风扇一样的是，它能送来阵阵微风，不同的是，再也不用担心手被夹伤，它是完全安全的。扇片可以在洗衣机里清洗，在不用的时候扇片垂下，一点也不占地方。风扇不再是冰冷的机器，而是变成了带给人们乐趣的玩伴。

2. 消费者精神文化需求的人性化设计

设计师应将设计触角伸向人的心灵深处，通过富有隐喻色彩和审美情调的设计，在设计中赋予更多的意义，让使用者心领神会而备感亲切。例如，人们常见的手机，一代一代的手机层出不穷，为什么手机的市场那么大呢？原因是手机的样式和功能不断地在更新，人们的精神文化需求已经不仅仅停留在满足于手机的通话功能美妙的声音、丰富的图像操作界面以及录音、摄像功能是人们新的精神文化追求。

五、产品结构的人性化设计——力求更适合人体结构的造型形式

产品结构是指产品的外观造型和内部结构。产品的形态一定要符合使用者的心理和中国传统的审美情趣。美观大方的造型、独特新颖的结构有利于使用者高尚审美情趣的培养，符合当今消费者个性化的需求。例如，一个专为女性设计的形的烟灰缸，十分性感，非常有个性，十分符合女性那种追求个性生活的情感需要。

（一）通用设计

很多设计师对“通用设计（Universal Designrn）”一词而言，已很熟悉。这是北卡罗来纳州立大学通用设计中心主管罗恩·梅斯先生提出的重要理念，也是使设计回归以人为本的基本理论。通用设计的原则主要有以下几方面。

①一件产品应适应大多数人。

②使用的方法及指引应简单明了，即使是缺少经验、无良好视力及身体机能有缺陷的人士也可受惠而不构成“妨碍”。

③不同能力的使用者应在没有辅助的环境下，仍可使用产品的每一部分。

④产品在非理想环境下、欠缺集中力及错误使用下，也不会构成难度及危险，该产品在使用时不易产生疲劳。

⑤信息明确无误，容忍错误。

⑥使用的尺寸和空间适当。

通用设计的核心思想是，把所有的人都看成程度不同的能力障碍者，即人的能力是有限的，在不同的年龄阶段，人会显示出不同的能力，从完全依靠别人到独立生存，最终再回到依靠别人的时期。通用设计的产品最大限度地帮助使用者克服障碍，遥控器就是一个典型的通用设计的产品。

产品人性化设计是时代和社会进步的体现，是未来工业设计发展的必然趋势，

现代设计师要从产品形式、色彩、结构、功能、名称、材料等各个设计因素去体现产品的人性化设计，使未来的产品设计更加适合消费者的心理和个性的需求。

（二）产品交互设计

1. 交互设计的定义

简单地说，交互设计是人工制品、环境和系统的行为以及传达这种行为的外形元素的设计与定义。传统的设计学科主要关注形式，现在的设计学科则关注内容和内涵，而交互设计首先旨在规划和描述事物的行为方式，然后描述传达这种行为的最有效形式。

交互设计借鉴了传统设计、可用性及工程学科的理论和技术。它是一个具有独特方法和实践的综合体，而不只是部分的叠加。它也是一门工程学科，具有不同于其他科学的工程学科的方法。

2. 交互设计的主要内容

交互设计是一门特别关注以下内容的学科：

①定义与产品的行为和使用密切相关的产品形式；

②预测产品的使用如何影响产品与用户的关系，以及用户对产品的理解；

③探索产品、人和物质、文化、历史之间的对话。

交互设计从“目标导向”的角度解决产品设计：

①要形成对人们希望的产品使用方式以及人们为什么想用哪个产品等问题的见解；

②尊重用户及其目标；

③对于产品特征与使用属性，要有一个完全的形态，而不能太简单；

④展望未来，要看到产品可能的样子，它们不必就像当前这样。

在使用网站、软件、消费产品以及各种服务的时候（实际上是在同它们交互），使用过程中的感觉就是一种交互体验。随着网络核心技术的发展，各种新产品和交互方式越来越多，人们也越来越重视交互体验。当大型计算机刚刚被研制出来的时候，可能当初的使用者本身就是该行业的专家，没有人去关注使用者的感觉；相反，一切都围绕机器的需要来组织，程序员通过打孔卡片来输入机器语言，输出结果也是机器语言，那个时候同计算机交互的重点是机器本身。当计算机系统的用户越来越由普通大众组成的时候，人们对交互体验的关注也越来越密切了。因此交互设计作为一门关注交互体验的新学科，在20世纪八十年代产生了，它由IDEO的创始人比尔·莫格里奇在1984年的一次会议上提出，他一开始给它命名为“软面（Soft-Face）”，由于这个名字容易让人想起当时流行的玩具——椰菜娃娃（Cabbagepatch doll），他后来把它更名为“Interaction Design”，即交互设计。

从用户的角度来说，交互设计是如何让产品易用、有效而让人愉悦的技术。它致力于了解目标用户和他们的期望，了解用户在同产品交互时彼此的行为，了解人本身的心理和行为特点，同时还包括了解各种有效的交互方式，并对它们进行增强和扩充。交互设计还涉及多个学科以及和多领域、多背景人员的沟通。

通过对产品的界面和行为进行交互设计，让产品和它的使用者之间建立一种有机关系，从而可以有效达到使用者的目标，这就是交互设计的目的。

3. 交互设计的实践与发展

在每一天的生活中，人们都要和许多的产品进行交互，如电脑、手机、电视，等等。在中国，推广交互设计实践经验最多的，是名为“洛可可”的设计机构，在洛可可的实践经验中，界面包括产品外观和产品的交互行为。洛可可认为，一个出众的界面也是杰出的长期投资，它将获得：

①更高的生产率；

②更高的用户满意度；

③更高的可见价值；

④更低的客户支持成本：

⑤更快、更简单的实现：

⑥有竞争力的市场优势；

⑦品牌的忠诚度；

⑧更简单的用户手册和在线帮助；

⑨更安全的产品。

图 7–17 所示的这款智能水龙头融合了多项高新科技，它配有面部识别技术，可以自动识别出用户的脸，从而将水温调节到该用户最常用的温度和水流强度。另外，它上面还具有触摸屏，可以在使用的同时查看电子邮件和行程安排。其内置的 LED 灯还可以根据温度的不同变换色彩，从而为使用者提供更加直观的感受。

图 7–17　智能水龙头

（三）产品的绿色设计

过去，人类对大自然采取了掠夺性态度，掠夺的结果是以损害自然界以达到人类的生存目的。今天，人类终于认识到人类的生存必须以自然界的生存为前提，人类的生存与自然界的生存是共生的关系。人类的这种意识导致了生态文化的诞生。绿色设计建立在生态文化的基础上，是工业设计的高级阶段，能真正地解决人—机（产品）—环境的协调发展。因此，研究并应用绿色设计，对于人类的可持续发展有重要的意义。生态哲学就是用生态智慧、生态观点观察事物、解释现实世界、认识和解决现实问题。生态哲学是从“反自然”走向尊重自然的哲学，从人统治自然的哲学过渡到人与自然和谐发展的哲学。在设计思想上，绿色设计需要生态哲学的指导，因为它能为设计提供新的价值观念、新的意识形态与新的思维方法，为设计指出方向。进行绿色设计，首先必须建立在生态意识与崭新的消费文化上。生态意识是生态哲学的重要组成部分。生态意识作为人类思想的先进观念，产生于20世纪后半叶，它是反映人、人类社会与自然和谐发展的一种新的价值观念。经过多年的发展，生态意识正从浅层向深层发展，具体的标志即是从限制人类行为向指导人类创造健康的生活方式发展。

人类对待环境的行为鲜明地显示生态意识从浅层向深层的发展。在传统的科学价值观念指导下，人的环境行为具有“反自然”的掠夺性，在向大自然无限制地索取物质的同时，又向大自然无所顾忌地排放着过多的废弃物，把地球视为物质的仓库与废物排放场。生态意识产生后，人们对自身的活动做出了限制，既限制向自然的索取，又限制废弃物的排放。通过两种限制，以延长、维持人类的生存与发展。很明显，这种限制带有退却和消极适应自然的性质，是与人类的智慧、人类的创造精神和主动积极的进取精神相悖的。这种生态意识显然是人类生态意识的浅层表现，要使生态意识从浅层向深层发展，从被动向主动发展，从限制到自由发展，具体表现应该为研究绿色工艺、生态技术，开拓更廉价、更清洁的新资源，减少废弃物并向无废料生产发展；同时，建立绿色消费文化，并注意对消费行为的引导。

1. 产品绿色设计的定义及其特点

绿色设计是在生态哲学的指导下，运用生态思维，将物的设计引入人—机—环境系统，既考虑满足人的需要，又注重生态环境的保护和可持续发展的原则，符合以人为本的设计理念。绿色设计的特点就是减缓地球上资源财富的消耗；从源头上减少废弃物的产生；减少了大量的垃圾处理问题；绿色设计师进行闭环设计，即遵循“3R”的原则。绿色设计是利用机械学、电子技术、材料科学、计算机技术、环境科学、自动化技术、美学、心理学和人机工程学等学科的理论和方法，将各种产品需求转化为有形（或无形）产品或财富的过程。其在设计构思阶段，把宜人性、使用方式、使用环境、降低能耗、易于拆卸、使之再生利用和环境保护与保证产品的性能、质量和降低成本的要求列入同等的设计指标，并保证再生产过程中能够顺利实施。为了有效地实现这种转变，必须将设计中所涉及的多方面（人、环境、组织、技术和方法等）有机集成起来，形成一个整体，才能得到总体最佳的效果。由此可见，绿色设计是一个复杂而庞大的系统工程，设计者必须运用系统工程的原理和方法来规划绿色设计。

2. 绿色设计的范例说明

为了体现未来城市生活更美好的主题，上海世博会利用最新技术方案建造零碳馆，打造中国首座零碳排放的公共建筑。零碳馆利用太阳能、风能实现能源自给自足取用黄浦江水，利用水源热泵作为房屋的天然“空调”，用餐后留下的剩饭剩菜将被降解为生物质能，用于发电。零碳馆共分4层，总面积为2500平方米，设置了零碳报告厅、零碳餐厅、零碳展示厅和6套零碳样板房。展馆原型取自英国伦敦的零二氧化碳社区——贝丁顿零碳社区。零碳馆所需的电能和热能可以通过生物能——热电联产系统对餐厅内各种有机废弃物、一次性餐具等降解而获得。降解完成后，最终余下的“产品”，还能用作生物肥，真正实现变废为宝。

阳光和水的利用在零碳馆中体现得淋漓尽致。冬季，在建筑的南面，通过透明的玻璃阳光房保存从阳光中吸收的热量，转化为室内热能。夏季，为防止阳光过分照射，采取外遮阳措施，营造室内舒适的环境。屋顶上的太阳能板将太阳能转化为电能。建筑的背面通过漫射太阳光培育绿色屋顶植被，同时，北向漫射光为室内提供了相应的自然采光照明。在水资源利用方面，零碳馆通过屋顶收集雨水，用来冲洗马桶或灌溉植物等，减少了对自来水的需求。同时，零碳馆采用整体外保温的策略，墙壁是用绝热材料建造的，减少了室外热渗透，吸收室内多余热量，稳定了室内气温波动。零碳馆的这种设计，能够为访客提供既环保又舒适的未来生活体验。总负责人陈硕希望通过零碳馆向公众传达这样的一个理念：“城市和生活，原来还有另外一种可能性，可以有另外的选择，此类用互动、体验的方式所做的绿色概念式的展示，引发了人们对高碳排放带来环境污染的思考，展示了人类实践低碳行动的前景与美好未来，倡导节能环保从每个人做起，让环保理念深入人心，形成低碳共识。”

中央美术学院第九工作室近60名师生和设计师受邀为世博会零碳馆设计零碳家具，这一组家具结构性较强，都是用废旧金属管道、水龙头、零件等改造而成的，富有重量感并且造型十分酷，有鲜明的工业时代特点。水葫芦是天然水生植物，是世界十大害草之一，其特点是生命力旺盛、繁殖速度快。大量的水葫芦会严重破坏生态环境，危害水下生物。然而，水葫芦经手工采集、分离出茎纤维，通过干燥、防腐、柔软、成型等多种工艺处理，形成原材料，继而将原料进行手工编织，最终编成成品家具，成为纯天然、健康、环保的家居产品。

3. 产品绿色设计的评价

产品生命周期评价是对产品系统生命周期各个阶段所可能涉及的环境方面的评价，也称生命周期分析法、生命周期方法、摇篮到坟墓分析或者生态平衡法，是一组迅速出现的、旨在帮助环境管理（从长期看即是可持续发展）的工具和技术。周期评价的产生可追溯到20世纪七十年代的二次能源危机，当时，许多制造业认识到提高能源利用效率的重要性，于是开发出一些方法来评估产品生命周期的能耗问题，以求提高其利用效率。后来这些方法进一步扩大到其他资源和废弃物的利用方面，以使企业在选择产品时做出正确的判断。20世纪九十年代在全球范围内得到比较大规模的应用，与其他环境评价方法的区别是，它从产品的整个生命周期来评估对环境的总影响。评价方法的主要缺点是非常烦琐，且需要的数据量特别大。

（四）产品虚拟设计

随着科学的发展与信息技术的应用，虚拟设计技术已经开始被使用于企业的生产与制造之中，使虚拟设计技术得到有效的提升，加强了设计人员对虚拟设计技术的应用，特别是在工业进行新产品开发的设计与制造阶段。

虚拟产品设计是基于虚拟现实技术的新一代计算机辅助设计，是基于多媒体的、交互的渗入式或侵入式的三维计算机辅助设计，设计者不但能够直接在三维空间中通过三维操作、语言指令、手势等高度交互的方式进行三维实体建模和装配建模，并且最终生成精确的系统模型，以支持详细设计与变形设计，同时能在同一环境中进行一些相关分析，从而满足工程设计和应用需要。虚拟产品设计是建立在虚拟现实技术的基础之上的，虚拟现实技术具有以下特点。

1. 沉浸性

使用者戴上头盔显示器和数据手套等交互设备，便可使自己的身体处于虚拟环境中，成为虚拟环境中的一员。使用者与虚拟环境中的各种对象的相互作用就如同在现实世界中一样。当使用者移动头部时，虚拟环境中的图像也实时地跟随变化，拿起物体时可使物体随着手的移动而运动，而且还可以听到三维仿真声音。

2. 交互性

虚拟现实系统中的人机交互是一种近乎自然的交互，使用者不仅可以利用电脑键盘、鼠标进行交互，而且能够通过特殊头盔、数据手套等传感设备进行交互。计算机能根据使用者的头、手、眼、语言及身体的运动，来调整系统呈现的图像及声音。使用者通过自身的语言、身体运动或动作等自然技能，就能对虚拟环境中的对象进行考察或操作。

3. 多感知性

由于虚拟现实系统中装有视、听、触、动觉的传感及反应装置，因此，使用者在虚拟环境中可获得视觉、听觉、触觉、动觉等多种感知，从而有身临其境的感受。虚拟设计是20世纪九十年代发展起来的一个新的研究领域，它是计算机图形学、人工智能、计算机网络、信息处理、机械设计与制造等技术综合发展的产物，在机械行业有广泛的应用前景，如虚拟布局、虚拟装配、产品原型快速生成、虚拟制造等。目前，虚拟设计对传统设计方法的革命性的影响已经逐渐显现出来。由于虚拟设计系统基本上不消耗资源和能量，也不生产实际产品，而是产品的设计、开发与加工过程在计算机上的本质实现，即完成产品的数字化过程。与传统的设计和制造相比较，它具有高度集成、快速成型、分布合作等特征，所以虚拟设计技术不仅在科技界，而且在企业界引起了广泛关注，成为研究的热点。虚拟设计是指设计者在虚拟环境中进行设计，主要表现在设计者可以用不同的交互手段在虚拟环境中对参数化的模型进行修改。就设计而言，传统设计的所有工作都是针对物理原型（或概念模型）展开的，而虚拟设计所有的工作都是围绕虚拟原型展开的，只要虚拟原型能达到设计要求，则实际产品必定能达到设计要求。就虚拟而言，传统设计的设计者是在图纸上用线条、线框勾勒出概念设计，而虚拟设计的设计者在沉浸或非沉浸环境中随时交互、实时、可视化地对原型进行反复改进，并能马上看到修改结果。一个虚拟设计系统具备三个功能：3D用户界面、选择参数、数据传送机制。

① 3D用户界面设计者不再用2D鼠标或键盘作为交互手段，而是用手势、声音、3D虚拟菜单、球标、游戏操纵杆、触摸屏幕等多种方式进行交互。

②选择参数设计者用各种交互方式选择或激活一个在虚拟环境中的数据，修改原来的数据，参数被修改后，在虚拟环境中的模型也随之变成一个新的模型。

③数据传送机制模型修改后所生成的数据要传送到和虚拟环境协同工作的CAD/CAM系统中，有时又要将数据从CAD/CAM系统中返回到虚拟环境中，这种虚拟设计系统中包含一个独立的CAD/CAM系统，为虚拟环境提供建造模型的功能。在虚拟环境中所修改的模型有时还要返回到CAD/CAM系统中进行精确处理和再输出图形。因此，这种双向数据传送机制在一个虚拟设计系统中是必要的。

虚拟设计具有以下几个优点：

①继承了虚拟现实技术的所有特点；

②继承了传统CAD设计的优点，便于利用原有成果；

③具备仿真技术的可视化特点，便于改进和修正原有设计；

④支持协同工作和异地设计，有利于资源共享和优势互补，从而缩短产品开发周期；

⑤便于利用和补充各种先进技术，保持技术上的领先优势。

虚拟设计与传统 CAD/CAM 系统的区别主要有以下几方面：

①虚拟设计是以硬件的相对的高投入为代价的；

② CAD 技术往往重在交互，设计阶段可视化程度不高，到原型生产出来后才暴露出问题；

③ CAD 技术无法利用除视觉以外的其他感知功能；

④ CAD 技术无法进行深层次的设计，如可装配性分析和干涉检验等。

基于虚拟现实技术的虚拟制造技术，是在一个统一模型之下对设计和制造等过程进行集成，即将与产品制造相关的各种过程与技术集成在三维的、动态的仿真过程的实体数字模型之上。虚拟制造技术也可以对想象中的制造活动进行仿真，它不消耗现实资源和能量，所进行的过程是虚拟过程，所生产的产品也是虚拟的。

虚拟设计和制造技术的应用将会对未来的设计业与制造业（包含制造业的生产流程全过程，当然也包括其产品设计环节）的发展产生深远影响，它的重大意义主要表现为以下几方面。

①运用软件对制造系统中的五大要素（人、组织管理、物流、信息流、能量流）进行全面仿真，使之达到前所未有的高度集成，为先进制造技术的进一步发展提供了更广大的空间，同时也推动了相关技术的不断发展和进步。

②可加深人们对生产过程和制造系统的认识和理解，有利于对其进行理论升华，以更好地指导实际生产，即对生产过程、制造系统整体进行优化配置，推动生产力的巨大跃升。

③在虚拟制造与现实制造的相互影响和作用过程中，可以全面改进企业的组织管理工作，而且对正确做出决策有着不可估量的影响。例如，可以对生产计划、交货期、生产产量等做出预测，及时发现问题并改进现实制造过程。

④虚拟设计和制造技术的应用将加快企业人才的培养速度。我们都知道，模拟驾驶室对驾驶员、飞行员的培养起到了良好作用，虚拟制造也会产生类似的作用。例如，可以对生产人员进行操作训练、异常工艺的应急处理等。

参考文献

[1] 夏进军 . 产品形态设计——设计、形态、心理 [M]. 北京：北京理工大学出版社，2012.

[2] 郑建启，李翔 . 设计方法学 [M]. 北京：清华大学出版社，2010.

[3] 李妮，牟峰 . 工业设计概论 [M]. 济南：山东教育出版社，2012.

[4] 彭亚 . 现代艺术设计简史 [M]. 上海：上海交通大学出版社，2011.

[5] 刘涵 . 设计概论 [M]. 南昌：江西美术出版社，2014.

[6] 刘国余 . 产品形态创意与表达 [M]. 上海：上海人民美术出版社，2004.

[7] 王晨升，等 . 工业设计史 [M]. 上海：上海人民美术出版社，2012.

[8] 戴端，牛晰 . 多元文化背景下的产品设计民族化特征研究 [J]. 艺术与设计（理论），2010（9）：175–177.

[9] 刘伟，曹国忠，郭德斌，等 . 基于多元仿生的快速响应设计研究 [J]. 工程设计学报，2015（1）：1–10.

[10] 张筱蓉 . 多元文化视野下的产品创新设计探究 [J]. 美与时代（上旬刊），2017（9）：85–87.

[11] 戴晶晶 . 文化创意产品设计的多元方式探索 [J]. 艺术教育，2017（19）：182–184.

[12] 巩华明 . 产品外观设计的多元要素 [J]. 科技创新导报，2014（1）：98.

[13] 谢玮 . 泛娱乐产业链下 IP 衍生产品设计开发刍议 [J]. 传媒，2016（1）：82–85.

[14] 刘立园 . 高校工业设计多元内驱力教学研究 [J]. 设计，2016（5）：83–84.

[15] 崔洪亮 . 以构成思维为核心的产品形态设计基础教学研究 [J]. 美术大观，2017（4）：148–149.

[16] 汤青卿 . 浅谈产品外观设计的多元要素 [J]. 大众文艺，2011（16）：58.

[17] 王菊 . 产品设计中美学视野的多元扩展 [J]. 大舞台，2015（7）：70–71.